72道私房中西料理，全家歡呼的美味提案

台菜女兒
餐桌之旅

作者

袁櫻珊

推薦序

有錢，也訂不到的餐酒館

番紅花（作家）

　　第一次吃到小珊的料理，是多年前在桃園新屋鄉下的一場家庭小聚會。那時黃大寶還是個靦腆小男孩，黃二寶也仍是個隨口浪漫詩語的小小男孩，我與小珊第一次見面，她熱絡拿出一大盒隨著她從大稻埕住家一路搭高鐵和計程車、晃到新屋三合院的「麻辣燙」，那些被滷透入味的豆干啦、菇菇啦、蘿蔔啦、肉片啦都還溫熱著，一入口，瞬間酥麻了我的味蕾和心情。

　　我睜大眼睛不敢相信如此專業水準的「麻辣燙」，出自這位工作忙得要死的電視台主管，從那以後，只要小珊在粉專上菜，透過螢幕，我跌入她時而溫柔時而幽默時而華麗時而懷舊的飲食篇章裡。

　　網路上好看的料理很多，動人的書寫也不少，但能夠將兩者合而為一、娓娓道來的卻不多見，小珊即所謂的「高手在民間」，才華終究是藏不住的，下班後那些孩子睡著的深夜裡，她一邊做便當一邊寫下女人（人母、人女、人妻）的心情，完成這本美麗的食譜書。

身為總鋪師唯一的寶貝女兒，小珊從小就在飯菜香裡幸福長大，有趣的是，小珊在這本書所端出來的料理，並不只是師承父親的古典台味而已，她的作菜版圖有著濃濃的台灣味，如炒米粉、滷排骨、蔭鳳梨苦瓜雞湯，卻也有繽紛的和洋風情，如西班牙蒜味蝦、番茄乳酪燉雞、地中海檸檬香草烤魚、壽喜燒牛肉玉子飯、日式馬鈴薯燉肉，我認為她的菜不宜歸類在「快速料理」或「新手料理」，這些一端出來就引人讚嘆、搶拍、食指大動，且確實經得起 foodie 考驗的美味料理，沒那麼簡簡單單做，但絕對值得你在廚房花個三十分鐘，順著她的清晰步驟，做出一盤讓家人或好友回味再三的珍饈。

　　但凡世間所有好吃的料理，都出自一份「情」，不論是商業出餐或是日常家之味，因著對生產者的敬意、對食材的珍惜之意、對食用者的疼寵之心，我們樂於站在爐火前殷勤揮鏟，雖然手腳會痠、汗會流，沒關係，有小珊教我們怎樣把菜做得深遂入味又視覺美麗，不管你是每天做菜或是週末才做菜，有這本書相伴，你的日常餐桌就升級為金錢也買不到的家庭餐酒館了。

為愛盛開

劉昭儀（水牛書店 × 我愛你學田市集負責人）

　　我認識小珊，是因為她家的大叔⋯⋯也就是說，其實我是先跟哲斌成為朋友的。但很快地跨過哲斌，直接跟小珊結黨營私，一起成立同仇敵愾罵老公群組。（喂）

　　我們都曾經在媒體服務過；都經歷過超時血汗，同事比家人相處的機會更多，甚至是生活即工作的夢魘；也無法迴避親情的經營與修煉，育兒持家與職場周旋的巔顛斜槓，唯有掏心掏肺，只求功德圓滿。

　　但我跟她不同，喳呼嚷嚷：「我累死了」、「好委屈」、有仇必報、先講先贏⋯⋯淋漓盡致的呈現阿木豁出去的氣勢。然而小珊總是優雅微笑著氣定神閒。即使身處在充滿粗獷陽剛的男生宿舍裡，依然細緻柔軟、輕聲細語地以女神的姿態存在。

　　延伸到日常餐桌的呈現，小珊更是如巨星一般，魅力無法擋的讓家中男粉絲憧憬迷戀。精緻的、大器的、巧思的、經典的、華麗的、溫暖的⋯⋯每一道料理，都讓家人朋友猶如置身搖滾區般，以味蕾的歡呼吶喊，展現我們品嘗到的美味與感動。

乍看小珊端出的菜色，都不是仰之彌高的工夫菜；但是仔細觀察品味，才會發現料理的每道步驟，都很紮實並有深意。而且核心是在料理人的愛。不管是對家人朋友的愛、還是對生活風土的愛，透過料理的工序，讓食物連毛細孔都抒發出甜蜜的幸福感，難怪她家的大叔與寶哥寶弟雙帥，會將小珊捧在手掌心般的視如珍寶，而好友閨蜜們，也因為小珊的盛宴，生活彷彿被小精靈的仙女棒點亮，變得閃閃動人。

相較於餐桌上的光鮮亮麗，我也觀察過小珊在小廚房做菜的姿態。在後場也能曼妙的行雲流水，即使是盛盤後增添的一抹綠、一點紅，都是深情款款的託付。我想，這樣的料理很難不打動人吧？小珊不是美麗的花瓶，她的料理與煮食心法，更是生命經驗的累積淬煉。我們曾經一起經歷過刻骨銘心的離別；也互相支持彼此的堅持不放棄；當然還要一起喝一杯背後抱怨老公（咦）……我們哭著笑著失意膨風說醉話，但是不會放過好吃的下酒菜，然後回家之後靈感噴發，再做一桌愛意滿滿的料理。

這就是我所認識的小珊……如花一般盛開在家人好友的心園中。

烹飪的意義

黃哲斌（專欄作者、黃大寶二寶之父）

　　中年成家，隨後有了兩個小孩，身為職業婦女的妻子，原本就喜愛廚藝，但因工作忙碌而少執鍋鏟。當大兒子上小學，她動念為孩子做便當，一開始，只能擠出下班晚歸的零碎時間，第一個餐盒的菜色有點淒涼——貢丸、青蔬、玉米，當我隨手拍照貼上臉書，作為歷史性紀錄，竟博得不少同情掌聲。

　　隨後，兒子掃光便當的熱情回饋，讓我家大人的廚人魂洶湧爆發，番茄蛋包飯、咖哩牛腩飯、北海道干貝便當、番紅花海鮮飯……，很快的，戰線不再僅限每週一次的便當，週末早午餐、假日中午的簡易麵食、晚餐四菜一湯，成為家庭行事曆的紅圈重心。

　　雖然平日，我們大多必須外食，然而，我們期待在家開伙的時刻，兩個孩子也興致勃勃，跟在媽媽身畔擔任二廚，認識各類蔬菜，幫手洗切、翻炒、摘除蒂結、準備餐具，廚房儼然是我家熱鬧的教室、歡樂的遊戲場。看著他們忙碌的背影，那些歡悅的驚呼，像是小型樂隊的交響篇章。

　　於是，我家一度陰暗寂寞的廚房，錚錚熱絡重新開張，酷愛嘗試各種料理的妻子，穿梭在砧板與鍋爐之間，各種香氣盈盈充塞屋宇之間，有時是中式菜餚常用的八角、花椒、五香、孜然、九層塔，有時是西式料理的羅勒、巴西里、月桂葉、

薑黃、迷迭香，原本因採光不佳略顯幽暗的廚間，因著性感誘人的嗅覺勾引，恍恍明亮起來。

　　她的廚房忙碌身影越待越晚，食材採買清單越來越繁複，完成品越來越搞剛，家裡開始出現簡易攝影燈箱、情境小盆栽、仿瓷磚花紋塑料布等拍照小道具，在此同時，雜誌專欄延伸的臉書專頁也越來越熱鬧。

　　如今，黃二寶已篡奪我的差事，晉升為「餐桌專屬御用攝影師」，負責幫每一道菜拍照留念；黃大寶始終是熱情捧場的「無敵大胃王」，個頭抽拔比我還高；我仍然負責東市買駿馬、西市買鞍韉，在傳統菜市與大賣場之間奔波採購；而我家辛勞勤勉的「廚房董事總經理兼執行長」，歷經漫長波折，終於完成這本食物戀之書。

　　忝為黃大寶便當專頁的首任小編，我當時留下一段開版文字，如今回看，關於烹飪的意義，我無法寫得更假掰了，以此深深祝福並致敬，給每一位與鍋鏟奮鬥的家庭總鋪師──「有時，便當只是家常的愛情，日日述說廚務操持者的手作浪漫，蝦仁是願你健康，牛肉丸是勿忘我，紅黃綠三色甜椒是我愛你。粒粒飽滿分明的米飯，沾浸了湯汁，吸飽了綿長情意，錯落款擺為一句短詩。」

自序
好好吃飯

人到中年，喜愛的人和事都越來越鮮明，料理也是。愛吃的、吃不膩的，永遠都是在心底有些故事的。吃的不只是食物本身，而是思念、是寄情，也是幸福的綿延。

每一餐飯都意味著生命不斷地累積，同時亦不斷地消逝。然而得與失，於我而言，是一種也無風雨也無晴的無關緊要。只要見到心愛的人飽足後的傻笑，時間便懸置著、靜止著，內心是深刻的並且快樂的，這就夠了。

這本書起始於一個便當，一個用冷凍庫裡的貢丸和肉腸拼湊出來的黃大寶便當，毫不明媚動人。漸漸地，就不小心認真了起來。於是，餐桌上的菜色，從基本款妝點成華麗款，有兒時餐桌風景、週末外食的探險、全家旅行的回憶、 夫妻過招的下酒菜、香料的華麗與四季的流轉。寫著寫著，還曾寫了近三年的《食尚玩家》雜誌專欄。

做菜和運動一樣，所有的努力都不會徒勞，回饋你的，是一桌的美味與眾人瞇眼享受的神情。專注在廚房事務裡，格物致知、內心安定，偶爾還會哼哼唱唱，真是一件非常療癒的事。

八年過去，大寶從呆萌的小小隻，演化成長腿歐爸，每天都要進行大規模的進食行動，才不會變成大暴龍，全家才有歲月靜好的日子。二寶從剛斷奶穿著長棉襖顢頇搖晃的模樣，到現在會跟著我在廚房轉來轉去，做點手工活兒。大叔就始

終如一，主打採購大臣的定位，買菜時會順便夾帶幾瓶紅酒，給自己謀福利。

這是一本食譜，也不只是食譜，而是家人和我的集體印記。每一道料理都是我對他們的告白，在餐桌上累積著我們的故事。一家人就在這些餐飯與杯觥交錯之中，牽絆得越來越深。

書裡的菜都是經過親友團激烈票選，再經過大數據運算（好啦！其實是小數據），在眾人歡呼通過下，才雀屏中選的。每一道菜我都做過無數次，因為二寶說：「我想把媽咪的菜都學起來，將來想您的時候就做這些菜。」我才終結耍廢，奮發圖強寫下這本書。

希望這些菜也能帶給你和心愛的人快樂。書裡的菜，若能進到你們家，創造了同樣幸福卻不同的故事，這會讓我覺得很迷人。一道菜因著這樣的旅行，而產生了共振與意義。然後，我想鼓勵你們也寫下自己的故事，創作屬於自己的飲食文本。多年後回望這些，你會知道生命如何前進，自己是如何長成現在的模樣。

希望今後的你，能好好吃飯，你會發現人生有許多檻，變得沒那麼艱難了。可以的話，也做飯給那些孤獨的人吃，讓他們感受到溫暖與亮光。祝福未來的你，能因此而更懂得自己、體貼自己，一切都好，身心舒泰！

目
錄

contents

Part 1
愛的定番

小珊

本書作者，台菜主廚的女兒，金牛座，嫁給了另一個金牛座，生了大寶和二寶兩個吃貨。從小就很有口福，愛吃，也愛到處吃，吃到好吃的食物會轉圈圈，然後回家練習做，做給心愛的人吃，傳遞味蕾的幸福。

白天在電視台工作，晚上住在黃家男子宿舍，裡面住著大食怪，每個週末要端出很多肉，餵飽他們才能安心過日子。

料理是我寵愛家人的方式之一，好好吃飯，是人生之最基本，吃飽了，一切都沒那麼艱難了。希望人人都能擁有做菜的基礎，然後，分享愛給需要愛的人。

經營臉書粉絲團「黃大寶便當：愛的家庭料理」。

大叔

專欄作家，出過三本書，兼任黃家的採購專員，也是「黃大寶便當」臉書專頁的前任小編。

金牛座，熱愛美食和紅酒，沒給他吃肉會生氣跑去買鹽酥雞，如果加碼蛋料理和干燒蝦，他會吃到爽歪歪，還會給自己倒杯酒來配。

大寶

命帶三個食神，生性愛吃也能吃，「黃大寶便當」臉書專頁因他而生。吃了 8 年便當，現已變身成大食怪（誤）。酷酷的國中生，興趣是看美國職棒和 NBA。看他吃飯的模樣很療癒，會不自覺拿起湯匙，跟著他的節奏一口接一口。

二寶

是名吃貨，出生時肥嘟嘟，嬰兒時期啃過石頭、電線和嬰兒床護欄，還試圖搶爸爸的酒來喝。說話浮誇，偶有詩意，熱愛跑步，立志當閃電俠。味蕾敏銳，能拆解一道菜裡的調味密碼。因為他許願「我要把媽咪的菜都學起來」，才有這本書。

Part

1

愛的定番

家人對吃食的喜好，
一直是我在料理路上的追求。
想寵他們的時候，
我就會做這些菜。
上菜時全家人的歡呼聲，
以及吃乾抹淨舔手指的滿足神情，
讓我覺得自己是最幸福的人。

義式香草烤雞腿

香草番茄烤雞腿是所有雞料理中孩子們的最愛，同時也是我的。二寶的同學到家裡作客，都會點名這款烤雞腿，很開心這道菜陪伴他們的童年。

新鮮香草有著天與地的靈氣香華，紐奧良綜合香料——卡疆粉（Cajun spices）則是人間好物，色香強烈卻不辛辣，惹人食慾又萬用，用於各種肉類、海鮮、蔬菜和燉飯都很棒。如果哪天人類需要離開地球，只能帶走三種香料，我肯定會帶著它。

這是一道營養均衡、色彩繽紛又香氣撩人的快速料理，去骨雞腿肉抹上鹽巴、香料和蒜末，烤盤底部鋪上綜合香草和洋蔥、彩椒、小番茄，進烤箱 10–15 分鐘就好了。空氣瀰漫著各種香，雞腿浸潤在香草與蔬菜的湯汁裡，香嫩多汁。

烤好後，我通常不急著吃，因為我知道有更美味的吃法。放涼一下，要上桌前再燒熱鍋子（鍋身有些深度才不會亂噴油），以 1 小匙油，將雞皮煎得焦黃香脆，一挾入口，總會讚嘆這雞皮怎麼這麼好吃！鍋內餘下的雞油，撒些蒜末，把茭白筍炒潤得香噴噴甜嫩嫩，也是極品。

烤雞下的蔬菜若沒吃完，加半鍋水和 1 大匙酒煮蛤蜊，就是好喝得不得了的雞汁番茄蛤蜊湯了。這道周邊產品，令人有種圓融美好的感動。

材料

去骨雞腿排　2–3 支（或土雞腿 1–2 支）約 400g

洋蔥　1 顆，切片

紅椒與黃椒　各 1/2 個，切絲或圓圈狀皆可

大蒜　1 整球約 10 瓣，切末（越多越香）

小番茄　15–20 顆（依體型大小而定）

鹽　2–3 小匙（鹽不用省，豪邁些才好吃）

黑胡椒　1 小匙

卡疆粉或煙燻紅椒粉　1 大匙

（亦可自行以大蒜粉、洋蔥粉、紅椒粉、甜椒粉調配喜歡的味道）

橄欖油　1 小匙

綜合香草　1 大碗

（甜羅勒或九層塔、迷迭香、百里香、薄荷都適宜）

做法

1. 備料：雞腿洗淨瀝乾，再用廚房紙巾壓乾水分，用刀劃開肉體
   較厚部位。雞腿排兩面抹上鹽、黑胡椒、卡疆粉和蒜末，添些
   橄欖油幫雞腿按摩。

2. 烤盤底部鋪上洋蔥片、對切的小番茄、紅黃椒絲，放上雞腿，
   雞腿下塞入綜合香草。

3. 烤箱預熱，以 175 度，上下火旋風模式，烤 10–15 分鐘（土雞
   較厚，需多 5–10 分鐘；雞皮要乾，並抹上油才能烤得酥脆）。

4. 烤好後，倒一小匙油在平底鍋，將雞皮煎得香酥（若沒有要再
   用鐵鍋煎，可轉 220 度再烤 5 分鐘將雞皮烤上色）。最後，在
   雞皮上鋪些卡疆粉、大蒜粉和新鮮香草即完成。

p.s 無烤箱，用煎的也可以，雞皮朝下煎至金黃先挾起，倒入蒜末，將所有蔬
菜入鍋，再將雞腿鋪於其上，煎至蔬菜與雞腿熟後即完成。

咖哩優格烤雞腿

　　這道菜很得寵，大人小孩都喜歡，我想秘密武器是醃料裡的蜂蜜和小茴香，以及最後用小鐵鍋將雞皮烙成焦黃的後製效果。

　　雞腿塊的醃料先乾浴再濕浴，加幾滴香草橄欖油做 SPA 按摩，讓香氣與味道更深邃。能醃一個晚上最好，除了肉體青春柔嫩，香氣也更長驅直入鞭辟入裡。

　　先入烤箱再進鐵鍋，雖多了一道工序，但是我願意，因為這樣才能吃到如同餐廳的色澤與口感。盛盤後，挖一勺優格，添些蜂蜜，撒些咖哩粉做為沾醬，切塊檸檬在側邊，模樣很美好。

　　醃了優格的雞肉又香又嫩，醬汁中有奶香、又帶著香料的神祕。可搭配薑黃飯一起吃，用 1 小匙椰子油炒香洋蔥和大蒜，將醃肉的醬汁混入，加些鹽和薑黃粉調味，添入等比例的米和水（米：水 =1：1），以一般煮飯模式炊煮。飯炊好後，用小烤箱烘些堅果和果乾，切碎撒在飯上，就是色香味俱足的一餐。

　　二寶曾跟我分享這道菜的午餐故事，「媽咪～我跟你說，今天有 13 個人稱讚我的便當喔。」我被二寶逗得大笑。大叔對我說：「你也知道弟弟很浮誇。」我問二寶：「這 13 個人是怎麼來的，你怎麼算的啊？」

　　二寶鉅細靡遺地說：「就是從我的座位走到蒸飯箱，再從蒸飯箱走回來，一路上有說『好香喔！』的同學人數。」這孩子，真是浮誇，但我愛這種浮誇！

材 料	雞 腿 醃 料
去骨雞腿排　2 支約 400g	鹽　2 小匙
生菜　1 小盤	大蒜　4 瓣，切末
希臘優格　1 大匙	印度風味咖哩粉　1 大匙
（擺盤裝飾，非必須）	小茴香或孜然粉　1 大匙
蜂蜜　1 小匙	煙燻紅椒粉　1/2 小匙
（擺盤裝飾，非必須）	福樂無糖原味優格　4 大匙
小番茄　5 顆	蜂蜜　1 大匙
檸檬　半顆	橄欖油　1 小匙
	日式蘋果咖哩塊　內包裝 1 小格

做 法

1. 醃肉：雞腿切小塊，以鹽、蒜末、印度咖哩粉、小茴香（或孜然粉）、煙燻紅椒粉抹勻，再倒入原味優格、蜂蜜和橄欖油按摩，放冰箱冷藏至少 1 小時，能醃一個晚上更柔嫩。

2. 烤箱預熱 200 度，將醃好的雞腿放入，再放入 1 小塊蘋果咖哩塊，烤 10 分鐘後取出（土雞約需 15-20 分）。

3. 拭淨雞皮上的優格和香料（這很重要，這樣肉才不會快速焦黑），燒熱爐台上的小鐵鍋，添 1 小匙油，將雞皮煎至上色。

4. 盤中鋪上生菜葉，挾入雞腿塊，挖 1 大匙希臘優格置中，上面淋 1 小匙蜂蜜。再切些小番茄和一塊檸檬角裝飾即完成。

 不吃雞皮或雞腿的人，也可用清雞胸肉，低脂無負擔，且一樣美味。

西班牙蒜味蝦

住在男子宿舍裡，餐桌上最受人愛戴的除了肉品外，人氣最旺的就是蝦了。而蝦料理中，最經典不敗的就是西班牙風味的蒜味蝦，而且做法極簡單。

蝦得帶著殼，體型大些口感更棒。用大量的橄欖油和蒜末，將蝦殼爆至香氣盡出，顏色近似高溫火烤之後的赤白色。蒜末鮮香，很下飯。幾株迷迭香和羅勒增香與綠。起鍋前撒上大蒜粉和卡疆粉，色香味指數皆爆表，會令人失心瘋地把冰箱裡的白酒喝光光。

大叔說：「這道蝦有豐富的海味～」大寶則說：「好像外面賣的零食喔！」二寶聞到香氣，突然迸出順口溜：「天下無雙好廚師，媽媽煮飯最好吃！」

大叔聽了大喜，衝過來用一種彷彿看到輪椅上癱瘓的老太太突然站起來了的聖蹟般激動問我：「妳剛剛有聽到嗎？妳有聽到弟弟聞到香味，竟然～吟～詩～了嗎？！」我聽了眼神亮了起來。

二寶聽了幽幽地更正：「呃，這不是我自己想的，這是學校的課本教的。」

原來，只是誤會一場！這道菜並沒有迸發詩詞創作靈感或聖蹟有關的勵志故事，一切都只是父母過度浪漫的解讀。

材 料

___

白蝦　300g

大蒜　10 瓣

迷迭香　2 小株

鹽　約 1/2 小匙

卡疆粉　1 小匙（非必須）

大蒜粉　1 小匙

黑胡椒　1 小匙

羅勒葉或九層塔　約 8 片葉子

乾辣椒末或花椒醬　1 小匙（嗜辣者專用）

做 法

1. 備料：蝦子去腸泥後洗淨瀝乾。大蒜切末，羅勒葉與迷迭香洗淨瀝乾。

2. 冷鍋倒 2 大匙油，蝦子先用廚房紙巾擦乾再平鋪放入鍋中，不要重疊，煎香一面後，放入蒜末和迷迭香，再翻面煎至香氣四溢，撒少許鹽、卡疆粉、大蒜粉與黑胡椒調味後盛盤。

3. 最後鋪上羅勒葉或九層塔，嗜辣者可加些辣椒末或花椒醬增添風味。

泰式清蒸檸檬魚

　　二寶不吃辣，但是泰式檸檬魚他卻很愛，小鳥胃的他，一個人可以吃下半條魚。這道料理極簡單且零失敗，只要將魚蒸熟，再淋上醬汁就好了。用電鍋就能做出 99% 激似餐廳的好味道。

　　魚可以是鱸魚或石斑，用魚片更便利，不用剔魚刺，可以吃得毫無忌憚。鮮魚和醬汁是靈魂之所在。魚肉鮮嫩，醬汁裡的檸檬清香迷人，與糖、辣椒、醬油膏、魚露、蒜末和香菜融合成酸、甜、辣、鹹、鮮、辛香等美妙的琥珀汁液。

　　依隨著孩子的喜好調整比例，將大辣椒切細後泡水去籽，只有香並不太辣，大寶和二寶說這比餐廳還更澎湃好吃，我想關鍵應是魚很大尾，這只有家庭料理做得到。

材 料	醬 汁
鱸魚或石斑魚　1 條	檸檬　1 又 1/2 顆，搾汁
薑　3 片，切片	魚露　2 大匙
蔥　2 根，切段	糖　2 大匙
酒　2 大匙	醬油膏　1 大匙
鹽　1/2 小匙	大蒜　5 瓣，切末
	香菜　2 株，切末
	辣椒　1/2 根，切末

做 法

1. 備料：魚身抹鹽，淋酒醃 10 分鐘。盤底抹些油，放上魚，再鋪上薑片、蔥段，放入電鍋蒸，外鍋倒入 1 杯水。每條魚的厚度大小不同，電鍋跳起時，可用筷子將魚片較厚部位輕輕撥開查看是否已熟，若未熟，再加 2 刻度左右的水續蒸。

2. 酸辣檸檬醬汁：取一碗，將蒸魚的湯汁倒入，加入檸檬汁、魚露、醬油膏和糖，拌勻後，加入蒜末、香菜末、辣椒末（依個人口味調整比例），若不夠鹹可加些鹽，亦可刨些檸檬皮屑添香與清麗色澤。

3. 將醬汁淋在魚上，擺放些新鮮香草或香菜即完成。

p.s　若魚太大條太修長，電鍋容納不下，可以大鍋清蒸 15 分鐘後取出。
　　可用魚片，更方便操作。

紅燒栗子滷東坡肉

時間，讓燉肉得以展現風華。色澤晶亮，香軟腴滑，鹹中帶蜜，最是迷人所在。很會哄人開心不知天圓地方的二寶說：「這是全世界最好吃的滷肉。」我通常分三階段進行。第一輪，先讓東坡肉好好做自己。五花肉先爆香後，以黑糖炒上醬色，再加碼眾家香料與調味料齊聚，在鑄鐵鍋內燉至長筷可輕易刺穿。第二輪加入胡蘿蔔和栗子（皇帝豆上市的季節，亦可在此階段加入，是大叔從小的最愛）續燉至食材熟軟入味，鋪上蔥花或香菜就可以開鍋大吃，有什麼事明天再說。

紅蔥頭、花椒、小茴香、五香、孜然、紹興酒都是豬肉的靈魂伴侶，彼此相生相合。而豆瓣醬的甘與香，是我燉肉時的心頭好，比起醬油，豆瓣的醬香更加醇厚並帶有餘韻。看著鍋內琥珀色澤閃閃發亮的東坡肉，真的好性感啊！挾一塊入口，皮肉軟嫩毫不費力，焦糖滲入內裡，膏脂與醬汁完美融合，濃郁黏唇，非常下飯。比起知名餐廳裡的，並不遜色。

餘下的醬汁，隔天可請二軍板豆腐（豆干、豆皮、滷蛋、竹筍、銀杏也很搭）上場。板豆腐切 1 公分厚長方體，添 1 大匙豆瓣醬調味，滷半個小時後會鼓得胖胖的，模樣真可愛。盛盤後拌上 1 大匙桃屋辣醬和蔥花，唉呀……真是香美銷魂！我忍不住讚許自己這勤儉惜物的好個性，才能得到美味的滷豆腐作為酬賞。

除了豆類製品，綠竹筍也很適宜做為接棒的跑者，要食用前，加入煮熟的綠竹筍，滷至強強滾，再酌量調些鹽和醬油即可。綠竹筍吸附了五花的肥美依然清秀迷人。一鍋肉，像一個家，無論是誰進了門，都能因著家的能量而成為更豐厚、更完好的自己。只燉一斤真是不夠，一下子就沒了，也許你會和我一樣嚷嚷：「下次我要燉 2 斤啦！」想加碼的人，請將食譜按比例升級。

材 料	滷 汁 材 料
帶皮五花肉　600g	黑糖　2 大匙
胡蘿蔔　1 根，切塊	紹興酒　3 大匙（約 45ml）
紅蔥頭　6–8 瓣	醬油　3 大匙
花椒粒　1 大匙	豆瓣醬　1–2 大匙
茴香籽　1 大匙（可用孜然粉代替）	八角　1 粒
生栗子或栗子即食包　1 包（約 150g）	五香粉　1 小匙
香菜或蔥　2 小株，切末	中藥房滷包　1 個（非必須）

做 法

1. 備料：五花肉切成喜愛大小，汆燙後瀝乾。紅蔥頭切末。

2. 熱鍋，以 1 小匙油炒五花肉塊，炒至金黃後，添黑糖炒至上色，爆香紅蔥末、花椒粒、茴香子，炒至飄香，再嗆入紹興酒、醬油、豆瓣醬，丟一顆八角，添水至與肉齊平，有買到生栗子的話可在這裡放。蓋鍋燉 90 分鐘。

3. 開鍋，放入胡蘿蔔塊燉 20 分鐘，最後放入栗子即食包，轉中火燉 10 分鐘。試下味道，喜愛餐廳濃醬版本的話，可先將好料盛起，餘下醬汁再添一大匙糖，轉大火收汁後淋上。上桌後可以撒些新鮮香草、蔥花或香菜、辣椒綴飾惹人食慾。

p.s 建議放隔天會更入味好吃。我曾在隔天把滷肉和吐司一起用烤箱加熱，吐司烤得酥酥的，包著味道更凝縮的滷肉和生菜，真是美味極了，推薦大家試試！

酒香蝦仁烘蛋

我不太買現成的蝦仁或在餐廳點蝦仁料理，因為口感與鮮味大都不真實。買帶殼的蝦子回家自己剝，除了新鮮乾淨外，可以吃得更澎湃滿足。

這道烘蛋的重點就是蝦必須先喝醉，得用蒜末、酒、醬油膏等醃料先抓醃才行。買一盒肥肥的大白蝦，讓每塊烘蛋都至少有一隻完整的大蝦仁，必得有這樣的氣勢，才不枉我辛苦的抽腸泥、洗淨、剝蝦、再洗淨的繁瑣。

蛋要烘得胖胖的才可愛，這得仰賴小鍋才能達成。16公分的柳宗理小鐵鍋可烘4顆蛋，若想降低翻面失敗的困擾，也可整鍋放進烤箱烘。

酒香在蝦裡、在蛋裡，而蛋裡包覆著蝦汁，真是好吃，連討厭酒精的小鳥胃二寶都食慾大開。我切成六塊，想讓大叔和發育中的大寶多吃。當鍋裡只剩一塊時，大寶問：「有人還沒吃到嗎？」我舉了手。值此同時，二寶突然開口了：「我吃了兩塊。」我轉頭看他碗裡已無殘屑，原來這小傢伙像隻貓一樣默默叼走了兩塊，而且以他參加風速盃比賽的速度完食了，神情顯得相當愉悅，彷彿一馬當先衝過了終點線。

材 料	蝦 仁 醃 料
白蝦　10 隻約 300g	大蒜　3 瓣，切末
雞蛋　4 顆	醬油膏　1 小匙
鹽　1/4 小匙	米酒　1 大匙
蔥　2 根，切成蔥花	本味醂　1 大匙
鮮奶油或鮮奶　1 大匙	胡椒粉　少許
	麻油　3 滴
	太白粉　1 小匙

做 法

1. 備料：蝦仁去腸泥後洗淨、拭乾，以醃料抓醃 10 分鐘。雞蛋
   加入鮮奶油或鮮奶、鹽、蔥花打成蛋液。

2. 熱油鍋，將蝦仁煎至兩面轉紅即先盛起（不用全熟）。

3. 原鍋用長筷挾著廚房紙巾稍微擦乾淨，再添 1 大匙油（油量要
   夠，蛋才能煎得漂亮），倒入蛋液，均勻鋪上蝦仁，小火慢煎，
   待鍋邊的蛋邊變色凝固，搖晃一下鍋子，蛋體可滑動時，確認
   底部是否轉成華麗的金黃色。

4. 取一個直徑大於鍋子的大盤，蓋住小鍋，反手翻面。再用紙巾
   擦拭乾淨並塗些油，將盤裡的蛋滑入鍋中續煎。以長筷試看看
   是否乾爽無蛋汁，若是，便可起鍋。這一個步驟也可以用烤箱
   完成，烤箱預熱 200 度後，放上層，烤 5–10 分鐘即完成。

干貝海鮮義大利麵

　　週末想寵家人的時候，就會做這道義大利麵，偶爾還會在孩子們生日或紀念日的時候，加碼煎幾塊牛排，把他們寵上天。一上桌，男孩團體就是一陣歡呼（包括大叔，因為他堅稱自己心智年齡最小）。

　　海鮮可以是最討人喜愛的干貝和鮮蝦，要加碼蛤蜊、透抽或蟹腳更是澎湃。燒熱的鐵鍋，油爆干貝和鮮蝦，整間廚房香氣濃烈，蒜片下鍋後又更香了。義大利麵炒好後，挖 3 大匙松露醬，淋上松露油，麵體又香又潤，用叉子捲一口麵放入嘴裡，眼神都亮了，幸福啊！

　　當你想要寵誰時，就做這道義大利麵吧。

材料
_____

蛤蜊　16-20 顆

大白蝦　8 隻

干貝　4 個

義大利麵　1 把

大蒜　10 瓣，切末

海鹽　2 小匙

黑胡椒　1 小匙

卡疆粉　1 小匙

奶油　1 塊（100g 包裝切 1 公分厚小塊）

松露醬　3 大匙

松露油或橄欖油　1 大匙（非必須）

巴西里　2 株，切末

做法

1. 備料：蛤蜊以溫鹽水吐沙後洗淨，用 1 大碗水和 1 大匙酒，將蛤蜊煮至開殼，高湯過濾後備用。蝦子去腸泥後洗淨。干貝退冰至室溫。

2. 用深鍋煮水，水開後撒 1 大匙鹽（分量外），放一把義大利麵，按包裝指示的時間煮熟。撈起麵條泡冷水降溫後瀝乾，澆一大湯匙橄欖油拌勻以免黏糊。

3. 另取一大鍋，倒 2 大匙油，干貝和蝦子先用廚房紙巾吸乾，下鍋煎至轉色，加些油放蒜末爆香，撒鹽、黑胡椒和卡疆粉調味後，先挾起備用。

4. 炒海鮮的鍋子倒些蛤蜊高湯和一塊奶油，倒入義大利麵拌炒，加海鹽和黑胡椒調味，最後再添 3 大匙松露醬拌勻。

5. 擺盤：取一大的白色瓷盤，以叉子捲進義大利麵，再放入蝦子和蛤蜊，擺好干貝，淋上松露油，撒上切碎的巴西里葉即完成。

 蛤蜊以溫水溶化海鹽，放在陰暗處，便會將沙粒吐得盡情奔放。

南瓜堅果濃湯

南瓜的營養價值高，對身體的好處太多了——抗癌補血，降血糖、血壓和血脂，顧眼睛又顧攝護腺，重點是又綿又甜，尤其是栗子南瓜或東昇南瓜，簡直像甜點一樣。

然而，大寶不吃南瓜，還好煮成南瓜濃湯就很可以。為了讓他多吃，打成泥或煮豆漿南瓜鍋，總得想方設法變換花樣。

冬季週末的早晨，我偶爾會煮一鍋，讓孩子們暖暖身子。喝一碗就很飽足，也可以搭配大蒜麵包吃。

這道湯，南瓜甜，洋蔥香，烤過的堅果油脂香氣迷人，妝點在上頭，看著就暖。鋪在其上的百里香，不只香，也美。在濕冷的冬天見到這樣的綠，格外耀眼！

材 料

栗子南瓜　1 個

洋蔥　1 顆，切丁

大蒜　3 瓣，切末

奶油　1 塊（100g 包裝切 1 公分厚小塊）

雞高湯　1 包或 1 罐（可以高湯塊或高湯包替代）

鹽　1 小匙（視高湯鹹度而定）

黑胡椒　1/2 小匙

鮮奶油　1 大匙

堅果　2 大匙

百里香或其他香草　1 小株

乾燥香草碎　少許

果汁機或食物調理棒

做 法

1. 備料：1 包茅乃舍雞高湯包，以 800 ml 水煮 10 分鐘，高湯包
   持續留在湯鍋內浸泡。南瓜切塊，可先以半杯水進電鍋蒸過，
   會比較好切。

2. 取一較深的湯鍋，乾鍋炒香洋蔥丁，放入奶油塊與蒜末炒香，
   南瓜塊入鍋拌炒，添加高湯，蓋過南瓜塊即可，南瓜煮軟後，
   稍微放涼後再打成泥。

3. 原鍋慢慢添加高湯至喜愛的濃度，湯煮滾後，試吃並調味，磨
   上黑胡椒，淋上鮮奶油。

4. 堅果鋪平，用小烤箱略微烤出香氣，切碎，撒在湯上。擺上新
   鮮香草或乾燥的香草碎即完成。

黒咖哩牛肉蛋包飯

大多數的孩子都愛咖哩，我也和他們同一隊。

咖哩料理像製香，不同的風味混搭，會有不同的個性。這款黑咖哩是孩子國的，因為放了一塊 78% 的黑巧克力，另外還放了爪哇和蘋果咖哩各一塊，外加現磨的印度咖哩粉，有時大人、有時孩子，像是印度與日本混血的青少年。佛蒙特咖哩塊是很便利的大眾品牌，公平貿易、Spice Hunter 是我平日愛用的香料品牌，混搭起來風味很棒。

牛肉片需先醃過，在鹽麴的作用下，香軟柔腴，帶便當蒸過也不硬柴。洋蔥先乾炒到焦糖化，才能香氣充滿並釋放出甜味。我偏愛以地瓜取代馬鈴薯，增加更多良性澱粉與膳食纖維，地瓜的甜與鬆軟將咖哩搭襯得很美好。胡蘿蔔在醬汁的浸潤下毫無生澀味，挖一口吃下，有可可的香氣與香料的風華。沾著濃稠如膏的蛋包，蛋包上藏著一小塊融化的奶油，就像日本餐廳賣的一樣好吃。

我喜歡最後點綴的紅豔小番茄，酸甜汁液將咖哩的濃郁帶到另一個清新境地。撒些綠色的蘆筍、碗豆或甜豆，視覺很有張力。

熱愛咖哩的大寶，總是吃得埋首而專注，一口接著一口。我喜歡這醬汁，大口吃完，又去烤片吐司來配，以喝湯姿態地把醬汁吃得乾乾淨淨，像個孩子一樣滿足。

咖哩。

材料

雪花牛肉片　300g（亦可使用梅花豬肉片）

胡蘿蔔　1 根

地瓜　1 個

洋蔥　1 個，切丁

大蒜　2 瓣，切末

蘋果咖哩塊　內包裝 1 小塊

爪哇咖哩塊　內包裝 1 小塊

78% 以上黑巧克力　內包裝 1–2 塊

小番茄　10 顆，對切

四季豆或蘆筍　10 根

印度綜合咖哩粉　1 小匙

巴西里或其他香草碎　1 株

肉片醃料

鹽麴　1 大匙

大蒜　2 瓣，切末

薑　2 片，切末

黑胡椒　1/4 小匙

酒　1 大匙

麻油　2 滴

太白粉　1 小匙

做法

1. 備料：牛肉片先以醃料抓醃。胡蘿蔔和地瓜切塊。四季豆或蘆筍以鹽水汆燙。

2. 冷鍋放入洋蔥丁，以中火乾炒至金黃，再倒 1 大匙油爆香蒜末，續下胡蘿蔔塊，倒 1 大碗水，轉小火蓋鍋悶煮 20 分鐘。

3. 原鍋續下地瓜塊，煮軟後，添加咖哩塊、咖哩粉和黑巧克力。添些水，醬汁煮滾後將牛肉片放入，用長筷涮熟，醬汁微微濃稠即關火。

4. 擺上小番茄、四季豆或蘆筍增添光亮色系，磨些印度綜合咖哩粉添香，撒上香草或香草碎即完成。

蛋包飯。

材　料

雞蛋　6 個

鹽　1/4 小匙

鮮奶油或鮮奶　1 大匙

奶油　3 塊（1 公分立方小塊）

義式綜合香料　1/2 小匙

乾燥香草碎葉　少許

做　法

1. 2 顆蛋一組，雞蛋加鹽、鮮奶油或鮮奶與義式香料打勻。

2. 取一個約 18 或 20 公分的小煎鍋，熱油鍋，轉中小火，倒入蛋液，以長筷稍微攪拌，在蛋體仍是柔嫩滑動的狀態下，將鍋體傾斜一邊，即可關火。慢慢將蛋收整並且翻過來對折，敲敲震震鍋柄，讓蛋體塑形呈橢圓。

3. 將蛋包鋪在飯上，用鏟子將表層劃開，讓半熟蛋散落下來，放 1 小塊奶油，撒上香草碎即完成。重複以上做法，再製作 2 份。

梅漬蕃茄

許多飯店和餐廳都有梅漬番茄作為開胃菜，二寶最愛吃這道。梅汁沁入到小番茄裡，酸甜滋味非常誘人。季節來的時候，用紅、黃、橘等不同顏色的小番茄來漬，放在透明玻璃罐裡，色彩繽紛真像糖果，看了心都甜了。然而作為小菜，一小盤總是不夠吃。自己做，一個人就可以 solo 一整盤，而且濃郁勾人。

製作方式非常簡單，照片裡的梅漬番茄，便是二寶做的。用市售的無籽梅子乾，煮一鍋濃濃的梅子水，小番茄燙過去皮後放入，在冰箱浸泡兩小時就可以吃了。只要能夠耐得住時間和手工的繁瑣，回饋你的，就是一整罐誘人的、療癒的梅漬番茄。

番茄吃完後，梅子汁可直接喝，或加些檸檬汁兌上清酒、氣泡酒或伏特加，做成梅子沙瓦，喝個微醺。

材 料

綠茶去籽梅子肉　1 包

小番茄　1 盒

水　500 ml

薄荷葉　10 片

做 法

1. 1 包綠茶梅子，以 500 ml 的水，煮 10 分鐘，關火浸泡。
2. 小番茄洗淨後瀝乾，用小刀在每個番茄皮輕輕畫兩刀。
3. 燒一鍋水，水開後，將小番茄放入略煮一下就趕快關火，盛起放入冰水中，稍微放涼後瀝乾去皮。
4. 將小番茄舀入放涼的梅子汁中，所有的番茄都要泡到。擺進幾片薄荷葉，放冰箱漬兩個小時後即可享用。

海鮮雞蛋燒

蛋和咖哩大概都有修行過，或是老莊思想的信徒，無為、無不為，隨喜自在雍容大度，無論什麼食材遇見它，都能轉化得圓滿妥貼。

買了個章魚燒鍋，總想著可以做些什麼。有天靈機一動，就來做個海鮮雞蛋燒吧。沒有章魚燒鍋，用一般的平底鍋或玉子燒鍋都很適宜。上桌時抓一把捏碎的柴魚，從高處撒下，看起來有點驕傲。偶爾在家人面前這樣浮誇表演沒關係啦，逗別人笑自己笑得更燦爛。

材 料

| 透抽、中卷或小卷　1 隻（約 200g） |
| 蝦仁　200g |
| 雞蛋　6 顆 |
| 鹽　1/2 小匙 |
| 蔥　2 根，切成蔥花 |
| 麵粉　2 大匙 |
| 柴魚片　2 大匙 |

海 鮮 醃 料

| 鹽　1/2 小匙 |
| 醬油膏　1 小匙 |
| 酒　1 大匙 |
| 本味醂　1 大匙 |
| 白胡椒粉　1/2 小匙 |
| 麻油　2 滴 |

做 法

1. 備料：雞蛋加鹽、蔥花、麵粉打勻。海鮮清洗乾淨後瀝乾水分，切小丁，以醃料抓醃。

2. 章魚燒鍋刷些油（一般鍋請熱油鍋），海鮮倒入蛋液中均勻混合，用大湯勺舀海鮮蛋液入章魚燒鍋中，煎至蛋體底部呈現金黃，用兩根小湯匙翻面煎，直至用筷子插入後無沾附蛋液即盛起。

3. 料理上桌後，捏碎一把柴魚，從高處撒落柴魚碎，提香與鮮，再添些蔥末妝點鮮綠。

療癒蝦排

　蝦肉料理總令人感到幸福，尤其是免剝蝦殼，吃起來毫不費力，雙手可以保持清新優雅，要做多大就可以多大的蝦肉料理，那可真是享受！無論煎的、炸的、水煮的，抑或是圓的、方的、扁平的，都是能令人瞬間忘卻煩惱悲傷的療癒型料理。

　用了兩盒白蝦，一半剁成泥，一半切丁。醃過之後略作摔打，捏成喜愛的形狀，油煎成香酥蝦排，或是捏成丸狀，入水塑成蝦丸，皆可隨意。

　用全蝦為基底做出的蝦排，真材實料蝦味濃厚，吃過一次就回不去了，從今往後你會覺得外面的蝦排，到底加了多少不必要的粉類和魚漿。用油煎最香美，厚厚一片外酥內潤還含著汁。入到水裡做成蝦丸，原本毫無生氣的清水，頓時瑞氣千條，鮮得不得了。撒落一盒甜豌豆，淋上蛋液，調味後勾些芡汁，擺上芹菜葉，就是一道有滋有味的湯品。

　建議一次可多剁些蝦漿，煎成蝦排或燙成蝦丸，放冷凍庫保存，便可以即食包的形象存在。想吃好料，退冰後煮蝦丸蛋花湯，或微波加熱便可解饞。

材料

帶殼白蝦　**兩盒約** 500g

芹菜　**2 株，切末（也可以用蔥花）**

鹽　1/2 小匙

糖　1/4 小匙

白胡椒粉　**少許**

醬油膏　1 小匙

料理酒　**1 大匙**

太白粉　**3 大匙**

麻油　**2 滴**

蒜末　**3 瓣**

蝦 丸 湯 材 料

豌豆仁　**1 小包**

雞蛋　**4 顆**

白胡椒粉　1/2 小匙

芹菜　**2 株，切末**

做 法

1. 備料：蝦子洗淨去殼，側剖開來剔除腸泥。一半的蝦仁剁成泥，剩餘的一半切細丁。以芹菜珠或蔥花、鹽、糖、白胡椒粉、醬油膏、料理酒、太白粉、麻油抓醃。捏成球形大小。

2. 蝦排：熱油鍋，倒 1 大匙油，放入餡料後用鍋鏟略壓成扁平狀，煎至金黃後翻面煎至熟即完成。

3. 蝦丸湯：以少許水（高於丸子高度的水位即可）將蝦丸燙熟即可。蝦丸先盛起，撒落洗淨瀝乾的甜豌豆仁，倒入蛋液，調味後慢慢加入太白粉水芡汁，轉大火煮至些微濃稠即可。撒些白胡椒粉，以芹菜珠和葉片裝飾即可。

日式馬鈴薯燉肉

馬鈴薯燉肉簡單不易失敗，在日本有「男朋友料理」之稱，是所有女孩要擄獲男友的必學菜色。然而，做菜是生活之基本，不該有性別之歸屬。我一直都特別欣賞會做菜的男人，從小看著父親騎機車上菜市場採買，回家在廚房張羅一家吃食，偶爾在假日做些餐廳才有的功夫菜來寵溺妻兒，這是屬於父親的終極浪漫。

成為母親之後，希望孩子能夠懂得生活和品味，學會料理的基本。除了照料自己，也有能力寵愛放在心底的人，一輩子甜蜜幸福。

肉片可用五花或梅花，牛小排肉片也很好。我喜歡用鹽麴先醃過，口感更青春柔嫩。豆子先汆燙最後再合體，顏色會更鮮綠有活力。有菜有肉有蔬菜，再煮鍋飯或燙個烏龍麵，加顆半熟蛋，半小時就可以歡喜開動了，いただきます！

材 料	肉 片 醃 料
雪花牛或梅花豬肉片　300g	大蒜　2 瓣，切末
洋蔥　1 顆	鹽麴　1 大匙
紅蘿蔔　1/2 根	黑胡椒　1/2 小匙
馬鈴薯　2 顆	太白粉　1 小匙
甜豆或四季豆　1 小把	麻油　2 滴
青蔥　2 根	
大蒜　3 瓣，切末	
醬油　1 大匙	
醬油膏　1 大匙	
清酒或米酒　2 大匙	
本味醂　2 大匙	
黑糖　1 大匙	
黑胡椒　1 小匙	
七味粉　1 小匙	

做 法

1. 備料：洋蔥切絲。紅蘿蔔和馬鈴薯以滾刀切小塊。肉片以醃料抓醃。甜豆或四季豆撕去兩側粗絲，以鹽水汆燙後斜切。蔥白蔥綠分開切成蔥花。

2. 熱油鍋，爆香蒜末、切細的蔥白，倒入醃好的肉片，以長木筷翻炒至八分熟，先挾起備用。

3. 原鍋續炒洋蔥絲至透明，再加入紅蘿蔔塊，沿鍋邊嗆入醬油、醬油膏、酒、本味醂和黑糖，加水淹過所有食材，蓋鍋燉 15 分鐘。開鍋，倒入馬鈴薯塊，再燉 15 分鐘，直至胡蘿蔔和馬鈴薯塊鬆軟。亦可放進電鍋蒸，外鍋放 1 杯水，節省看顧爐火的心力和時間。

4. 將肉片和豆莢倒入鍋中合體，磨些黑胡椒，盛盤後撒上七味粉和蔥花裝飾。可依個人喜愛撒些花椒粉與孜然粉等香料。

2

獨一無二的
家族記憶

長大後永遠吃不膩的食物，
去餐廳一定要點的菜色，
經常是兒時記憶裡的味道。
吃的不只是食物本身，而是被疼愛的幸福。

食物穿越了時間和空間，是最令人著迷的。
一起吃飯的人，因為歲月，因為有情，
將視覺、味覺與嗅覺，時間、空間與記憶，
一次又一次地覆蓋堆疊得更加豐厚。
以一道菜作為引子與媒介，讓我們得以穿越時空，
從某種意義上來說，我們亦是時空的旅人。

外婆的高麗菜肉丸子

這是阿嬤等級的寶貝肉丸子，在我心裡的地位很崇高，因為它是愛與傳承的集合。

外婆生了九個女兒，大年初二女兒和孫子們回娘家，整間房子鬧哄哄的，她總會炸兩大盤堆得高高的高麗菜肉丸子，剛炸好真是香噴噴的很涮嘴，一顆接一顆地吃不停。有時，吃完丸子就飽得吃不下飯了。

阿姨說：「細漢的時拵，有人結婚或喜慶時，囡仔桌常會有這道菜。彼時不像現在，無肉可吃，所以用絞肉和高麗菜做這個炸丸子，讓囡仔有肉可吃，吃幾粒就飽了，不會用掉太多料。」我覺得當時的長輩真聰明，這丸子有菜有肉，營養很均衡，重點是很好吃，很有滿足感。

每個家的年菜總不相同，然而大體的象徵意義都是團圓、圓滿與富足，是心念也是期許。除了高麗菜和絞肉，還會加上胡蘿蔔、豆（掛）薯、蔥花、蒜末等。所有的配料，用蛋和麵粉將大家聚攏，再捏成圓，下鍋油炸至香酥定型。許多彰化的同鄉告訴我，這也是他們家的年菜。父母都是彰化人，然而，只有外婆這系譜有這道菜，叔伯家則無。

外婆離開好多年了，這丸子過年時還是如常的出現在女兒們的餐桌上，而且每個阿姨做的味道都不太一樣。母親離世後，每每在阿姨家吃到這肉丸子，總會更加思念母親及將這道菜傳承下來的外婆。

沒吃高麗菜肉丸子好像就過不了年，人生無法前進到新的一年！我雖已中年，吃到這肉丸子時，還是會像個孩子，一顆接著一顆。

材料

絞肉　300g

高麗菜　1/4 個

洋蔥　1/2 個

胡蘿蔔　1/3 根

豆（掛）薯或荸薺　1–2 個

大蒜　5 瓣

蔥　1 根

雞蛋　1 顆

鹽　1/2 小匙

醬油膏　2 大匙

胡椒粉　1 小匙

糖　1 大匙

麻油　1 小匙

麵粉　3 大匙

做法

1. 備料：高麗菜、洋蔥、胡蘿蔔、豆（掛）薯、大蒜和蔥全部切成細丁。

2. 絞肉中打 1 顆蛋，加入蔬菜丁，添鹽、醬油膏、胡椒粉、糖、麻油，攪拌均勻，慢慢倒入麵粉，攪拌至有黏性即可。將丸子塑形成乒乓球大小備用。

3. 熱油鍋，油溫約 160–180 度，手放在鍋子上方會感到燙的程度，丸子再下鍋，下鍋要冒泡泡才是油溫夠高的狀態。用中火將丸子半煎炸至金黃，挾一顆切開看裡頭是否熟透，炸至內裡全熟，便可轉大火逼出多餘油脂，撈起丸子瀝油。上桌前鋪些芹菜葉、九層塔或香菜葉即是圓滿。

紅酒起司雙寶丸

　　紅酒起司雙寶丸，是一道內外兼修的好料理，也是大叔舉雙手雙腳票選第一名的肉丸子。

　　咬下去先嚐到肉汁的豐腴華美，接著是奶油與洋蔥的香氣堆疊上來，洋蔥的爽脆讓肉丸的口感更有層次。肉丸子揉進了台式的醬油膏，從小看父親醃肉都不用鹽，只用醬油膏帶出鹹甜味，即便和紅酒起司這種飄著洋味的菜名聽起來不太搭襯，然而卻很美味，算是一種「中學為體，西學為用」的概念吧。

　　醬汁裡融合著紅酒、番茄、起司、奶油、月桂葉和卡疆粉，鑊氣裊裊香氣繚繞，丸子在一整鍋的豔紅裡噗嚕噗嚕地滾動著，醬汁不時噴發到爐台上，充滿力與美的生命感，讓人看了心醉。盛盤後磨些帕馬森起司，撒上新鮮的羅勒葉和百里香，真是迷人。香料的微辣很開胃，一不小心飯就吃光了。

　　時間就這麼在廚房裡流逝了，端著嬌豔欲滴的肉丸子出場時，回報我的，是一家子的歡呼、讚美與滿足。酒鬼大叔說：「這醬汁特別好吃，一定是因為紅酒的關係。」二寶的同學說：「這看起來比咖哩好吃一千倍。」能夠超越孩子心目中第一的咖哩，這肉丸子若有表情，應當是驕傲中帶著嬌羞的吧。

材料	紅酒醬汁
牛絞肉　250g	奶油　1 塊（100g 包裝切 1 公分厚小塊）
豬絞肉　250g	洋蔥　1/2 顆，切細丁
洋蔥　1/2 顆，切細丁	大蒜　3 瓣，切末
大蒜　5 瓣，切末	乾月桂葉　3 片
鹽麴　1 大匙	義大利麵番茄醬　1/2 罐
醬油膏　1 大匙	紅酒　半瓶
黑胡椒　1 小匙	醬油膏　1 大匙
卡疆粉或含紅椒粉的	番茄醬　1 大匙
綜合香料　1 大匙	李派林烏斯特醬　1 大匙
雞蛋　1 顆	蜂蜜柚子醬或蜂蜜　1 大匙
麵包粉　5 大匙	卡疆粉　1 小匙
鮮奶或開水　5 大匙	帕馬森起司　刨一大匙（非必須）
新鮮香草　1 小株	

做法

1. 備料：取一料理盆，倒入牛豬絞肉、蒜末和洋蔥丁（洋蔥盡量切細較不會使肉丸散開，或先用奶油炒至透明變軟，放涼後再包入），加入鹽麴、醬油膏、黑胡椒、卡疆粉、雞蛋拌勻。

2. 取一碗，將麵包粉和牛奶融合後，再放入盆中與絞肉合體捏勻，揉捏或丟摔至產生黏性後，捏塑成丸子狀備用。

3. 熱鍋，倒 2 大匙油，將所有丸子的表面煎至赤色並定型即可盛起，不用熟沒關係，等等還要在醬汁裡燉熟。

4. 番茄起司醬汁：熱鍋，以 1 小塊奶油炒香洋蔥丁和蒜末，待洋蔥炒至有些透明後，將月桂葉撕碎撒入，倒義大利麵番茄醬、紅酒、醬油膏、番茄醬、李派林烏斯特醬，拌勻後將肉丸子連同肉汁都倒入醬汁裡泡湯。

5. 以微火將肉丸子燉熟，醬汁煮至濃稠、有著美麗的豔紅色澤後關火。添 1 大匙蜂蜜柚子醬，磨些黑胡椒，撒些卡疆粉，盛盤後刨入帕瑪森起司，再點綴幾株綠色香草碎葉即完成。

古早味滷排骨

　　每個孩子心中都有一個排骨便當。小時候過年父母都會帶我們坐莒光號回彰化祖厝，回鄉路迢迢，最期待的就是火車上的排骨便當。

　　母親年輕時的煮飯哲學是「有熟就好」，有時還不一定熟，花椰菜還很生硬就上桌了。即便廚藝不佳，她還是堅持透早頂著微亮的天光，為我們做飯，好讓我們帶熱騰騰的便當上學去。等孩子們都出門後，她才開始打理自己，擦汗、更衣、梳妝、出門上班。

　　父親偶爾會特意早起，只為了做些什麼給我們加菜。這對我來說，是份禮物！滷排骨便是其一。肉排得先用醬汁醃過，沾些粉下鍋略煎，再倒醬汁煨入味。肉排的香氣逼人，粉衣吸附了豐潤的醬汁，鹹香下飯。再滷些蛋和豆乾，炒個高麗菜或鹽漬小黃瓜，或加些酸菜和雪菜，組合起來就是心底的那幅古早味圖像。

　　這滷排骨有父親北漂的鄉愁，有遊子回鄉團圓的美好，以及，被寵愛的孩子無盡的感念。

材料

里肌肉排　600g

蔥　2根，白綠分開，切成蔥花

太白粉或麵粉、地瓜粉　1小碗

肉排醃料

薑　4片，切末

大蒜或紅蔥頭　4瓣，切末

鹽麴　2大匙

五香粉　1大匙

孜然粉　1大匙

白胡椒粉　1小匙

麻油　2滴

醬汁

醬油　2大匙

陳年紹興酒　2大匙

黑糖　2大匙

柴魚片　1小把

水　1碗

做法

1. 醃肉排：排骨以刀背略拍以利斷筋和延展，若肉排較厚，可先以叉子刺些小洞，再以醃料揉勻，放冰箱醃半小時。沾少許太白粉或地瓜粉，稍等一下反潮，下鍋前抖落身上粉末。

2. 熱鍋，油可添至肉排高度的一半，油熱後，以半煎炸的方式將排骨略煎至表面金黃，挾起備用。

3. 原鍋爆香蔥白，倒入醬油、陳紹、黑糖、水，放入捏碎的柴魚，醬汁煮至奔騰後，挾入肉排，以中火滷至收汁。盛盤後，撒些蔥花或辣椒末、芹菜或香菜葉綴飾即完成。

奶油啤酒炒海鮮

這道菜很適合朋友聚會，搭配白酒或啤酒佐餐，會吃得非常開心暢快，情感火速增溫再晉一級。

啤酒倒入鍋中的瞬間，白色泡沫倏忽湧出，像海浪忽然撲打上岸，綻放一瞬的美好，那是煮食者的專屬視覺享受。蝦子的紅、透抽的白、蛤蜊的礁岩質地、啤酒的泡沫，拼貼出海洋的美好。

我喜歡將海鮮分開炒，各自熟成後再合體，彼此都是在最美好的狀態下聚合，聚合後再用奶油將他們收攝得更為濃郁。然後，撒些香料和胡椒，鋪上鮮綠的香草……羅勒和九層塔都好，香氣的層次與風味又攀升了一級。此時，鍋裡的湯汁，鮮香迷人令人心醉。若再加上煸香的培根碎和乾辣椒碎，那又是另一個級別的鮮美了。

材 料

蛤蜊　16 個

蝦子　10 隻

透抽　1 尾

蔥　1 根，切成蔥花

薑　2 片，切末

大蒜　4 瓣，切末

迷迭香（薄荷葉、百里香、九層塔皆可）　一小株

鹽　1/2 小匙

卡疆粉　1 大匙

黑胡椒　適量

啤酒　250ml

無鹽奶油　1 塊（100g 包裝切 1 公分厚小塊）

白胡椒粉　1 小匙

九層塔葉或巴西里　1 小碗

做 法

1. 備料：蛤蜊以溫水融化海鹽，放在陰暗處或是加蓋吐沙 2 小時以上，洗淨瀝乾。蝦子去除腸泥，剪去前段尖刺部位。透抽撕除外皮和內臟，洗淨後瀝乾再切塊。

2. 熱油鍋，油可多些，爆香蔥薑蒜和迷迭香後，放入蝦子炒出香氣，添鹽、卡疆粉和黑胡椒，炒至蝦子 9 分熟先盛起。

3. 原鍋加入 250ml 啤酒，餘下的一飲而盡，放入蛤蜊，開口後先挾起，放入透抽略炒後，再將蝦子和蛤蜊放入合體，加塊奶油拌勻，磨上黑胡椒，撒些白胡椒粉和香草裝飾即完成。

母女圓滿的上海菜飯

第一次吃上海菜飯，在永康街的高記。孩子們吃得神情愉悅有滋有味，還多添了碗飯。這一幕我記住了，心想：「下次來做這個吧！」

母親生了四個孩子，怕吵又有潔癖，堅持早起燉清粥、做便當，很多衣服也堅持用手洗。要工作又要理家，使得她疾聲厲色暴躁易怒，毫不溫柔。小時候的我，心裡是有缺口的。嫁人後，我和很多人一樣成了女兒賊。每週回娘家，臨去前，母親總會塞些生鮮食材給我。有時是她親手種的巨無霸南瓜，有時是市場買的大蝦，甚至還把堂姐夫熬給她補元氣的滴雞精塞給我，心疼地說：「妳帶孩子氣太虛，要好好補一下。」

有天，她燉了鍋肥美的香菇雞湯，我喝了兩大碗，母親見我特別愛喝，俐落地把餘下的雞湯打包給我。母女親緣，就這麼在婚後和解了，在餐桌上圓滿了！父親過世後，換我代替祂，寵著她。

打包的那鍋湯，在隔天做成了上海菜飯。飯裡有濃郁的蒜香、胡椒香與紅蔥香。紅蔥頭和豬肉真是天生絕配，用豬油煸過的紅蔥酥真是香得不得了，我一邊拌飯一邊忍不住讚嘆。高湯與培根帶出鮮美，青江菜絲青春欲滴，色澤可人。菜飯搭配綿密滑嫩、醬色醇厚、焦糖香氣十足的東坡肉和干貝燉白菜，會是非常美好的一餐。

正統的上海菜飯是用金華火腿，若沒有金華火腿，用喜愛的培根、臘肉、臘腸或香腸來代出鮮味即可。高湯可用茅乃舍高湯包或市售的高湯來替代。

材 料
_____

米　3 杯

雞高湯　3 杯（沒有的話就用水）

培根薄片　4 片

洋蔥　1 個

大蒜　5 瓣

紅蔥頭　10 瓣

青江菜　約 6–8 株

鹽　1 小匙（依高湯鹹度增減）

白胡椒粉　1/2 小匙

黑胡椒粉　1/2 小匙

紅蔥酥　1 大匙

做 法

1. 備料：白米洗淨瀝乾、培根和洋蔥切丁、大蒜和紅蔥頭切末。青江菜洗淨後，將青梗與綠葉個別切細，分開置放。

2. 冷鍋倒 1 小匙油煎培根丁，煸出油後再依序放入蒜末、紅蔥末、洋蔥丁和青江菜梗翻炒，添加 1 小匙鹽和胡椒粉調味。倒入洗好的米，拌炒至所有米粒都沾惹上油，注入雞高湯或水（米：高湯 =1：1）。

3. 移至土鍋轉小火，蓋鍋悶煮至土鍋白煙裊裊升起，關火，鍋中倒入青江菜綠葉絲，悶 10–15 分鐘左右（也可用電子鍋或電鍋炊煮）。

4. 撒些白胡椒粉、磨些黑胡椒，加入紅蔥酥拌勻，增添香氣與視覺好感度。

1 | 2
3 | 4

番紅花海鮮燉飯

食慾之秋，全家總會特地跑到北海岸或宜蘭，只為了當令的肥美海味。

父親雖是台菜師傅，然而我年輕時卻特別偏愛西式料理，到餐廳吃飯時，只要菜單上有番紅花海鮮燉飯，必然要點，只因為喜愛它的香氣與獨特。有人把香料比做春藥，然而我用右手貼著左心誠實面對自己，香料的確會勾人，由嗅覺與味覺讓人產生對異國風情的嚮往，這樣的物慾、食慾與心念的三位一體，才是我對香料著迷的根本。

番紅花的價格雖不便宜，然而比起古早時代……那個價格高於黃金的時代，現代的價格廉宜多了，如今才有機會登上尋常百姓的餐桌。用來燉飯，量不用多，一小撮就夠了。與蝦、透抽、干貝、蛤蜊和雞腿、米飯融合，全都染上一層閃亮金黃。米粒吸附了海陸精華，豐潤飽滿，白酒添了果香，香美迷人。燉好飯，鋪上一把用高湯汆燙的蘆筍或豆仁，便是營養均衡的一餐了。

若買不到西班牙或義大利米，就用米粒較大顆的台灣米也是可以的，這是家常因地制宜的方便之道。這幾年台灣的米越來越香糯甜美，燉的時間和水量減少些就可以了。只要有鮮美的海鮮，就足夠了。

燉飯餘下的白酒，在等待的時間裡，經常被我一杯接著一杯地喝掉了！這醉人的微醺感，或許才是我喜歡張羅燉飯的最大理由。

材料

去骨雞腿排　1–2 支

蛤蜊　15–20 個

大白蝦　12 隻

透抽或中卷　1 尾

大蒜　10 瓣

洋蔥　1 顆

紅黃椒　各 1/2 個

豆仁或蘆筍　1 碗

鹽　1 小匙

檸檬　1 顆

雞腿醃料

鹽　1 小匙

黑胡椒　少許

橄欖油　2 滴

做法

1. 備料：蛤蜊泡溫鹽水吐沙，約 2 小時後洗淨。雞腿切塊，以醃料抓醃按摩後備用。蝦子抽出腸泥後洗淨瀝乾。透抽撕除外皮，取出內臟，洗淨後切圓圈或片狀。番紅花泡在 1–2 大匙溫水中。大蒜去膜切末。洋蔥切丁、紅黃椒切絲。豆仁或蘆筍以鹽水汆燙備用。

2. 燒兩碗水入湯鍋中煮開，加 2 大匙白酒（分量外），放入蛤蜊煮至開殼後撈起，高湯過濾後備用。

3. 熱鍋，倒 1 小匙油，雞皮先用廚房紙巾壓乾後再下鍋，雞皮煎至金黃後，加 1 小匙蒜末，翻面煎熟另一面後盛起。原鍋續入蝦子炒至八分熟，再炒透抽，以鹽、煙燻紅椒粉各 1 小匙與少許黑胡椒調味後先盛起。

香料與香草	燉飯與高湯
番紅花　10-15 根	燉飯米　2.5 杯
薑黃粉　1 小匙	海鮮高湯（米杯）　4 杯
煙燻紅椒粉　適量	微甜白酒　1 杯
黑胡椒　適量	海鹽　1 小匙
月桂葉　3 片	
海鮮綜合香料　1 大匙	
巴西里　1 株	

4. 原鍋再添些油，倒入洋蔥丁與蒜末，炒出香氣後，倒入燉飯米
   拌炒，直至每粒米都均勻裹上油。加入紅黃椒，鍋邊嗆 1 杯白
   酒，倒入蛤蜊高湯、泡好的番紅花與湯汁共 4 米杯，加月桂葉、
   少許黑胡椒、煙燻紅椒粉、薑黃粉，燉約 20 分鐘。

5. 試吃味道如有必要可酌量加些海鹽，將飯拌鬆勻和，鋪上雞腿
   塊、蝦子、蛤蜊、透抽在燉飯上，悶 10 分鐘。試吃米芯熟度
   是否滿意。若米芯太硬就再加些高湯或水繼續悶，直到喜愛的
   軟硬度和濕潤度為止。撒上海鮮綜合香料，鋪上巴西里碎葉與
   豆仁，擺上檸檬角裝飾即完成。

p.s

燉飯米：高湯 + 白酒 + 番紅花湯汁約 1：2

台灣米：高湯 + 白酒 + 番紅花湯汁約 1：1.1

如高湯不足，可加水補足

白酒不用買貴的，選喜愛的香氣即可

干貝櫻花蝦和雞腿油飯

這道華麗油飯其實是三種油飯的集合——干貝櫻花蝦、麻油雞腿與傳統肉絲油飯。由於書的篇幅有限，我又不想放過任何一味，索性就讓三位巨星組團合唱，聊表我的誠意。

我們全家都是糯米控，大寶三不五時就會央求爸爸買延三夜市的「大橋頭米糕」或「太子油飯」解饞，孩子對吃食的喜好，一直是我在料理路上的追求。

我喜歡自家的油飯超過外面的名店，因為食材用料的組合可以更自由更華麗。除了干貝、櫻花蝦，再加碼雞腿和肉絲。我也曾用泡發的乾魷魚，鮮甜中帶著古早味香氣，要用更華麗的鮑魚或螃蟹也可以，大家可以隨意選用。

飯炊好後嚐一口，有一種驚天動地的感動……這比外面賣的還好吃啊！這是一連串的廚房勞動之後，最幸福的回饋。雞腿和肉絲柔嫩，香菇絲吸飽了干貝、櫻花蝦與肉汁的精華，鮮甜肥美，比鮑魚還好吃。澎湃的紅蔥頭、麻油和胡椒香，縈繞在每一粒糯米飯。只要水分比例掌握好，就可以炒出軟糯口感的油飯。不用土鍋，用電鍋或電子鍋炊煮也是可以的。

我問大寶：「這和外面的油飯有什麼不一樣」？大寶說：「完全不一樣，外面賣的比較油，媽媽做的料比較豐富、比較香，也比較好吃。」

糯米不易消化，炒盤青菜，燉鍋蔬菜排骨湯，飯後切盤水果，最後再加碼喝瓶多多或果汁，就是飽足的一餐。

材 料

長糯米　4杯

去骨雞腿　2支

腰內肉絲　300g

乾干貝　半碗

乾香菇　8朵

櫻花蝦或蝦米　1碗

老薑　5片

紅蔥頭　10瓣

大蒜　3瓣

肉 絲 醃 料

醬油膏　2大匙

米酒　1大匙

糖　1小匙

孜然粉　1/2小匙

胡椒粉　1/2小匙

麻油　2滴

太白粉　1小匙

調 味 料

醬油　2大匙

醬油膏　2大匙

鹽　1小匙

米酒　3大匙

糖　1大匙

白胡椒粉　1小匙

五香粉　1/2小匙

麻油　1小匙

油蔥酥　2大匙

做 法

1. 備料：4杯長糯米洗淨，以冷水浸泡半小時，瀝乾備用。取一碗，將干貝泡熱水後剝絲。香菇泡溫水至軟，搓去皺褶裡的髒汙，擠乾水分後切絲。如選用蝦米，則略沖洗後泡溫水備用。老薑切片後再切細，紅蔥頭和大蒜去膜切末。

2. 醃肉：雞腿切塊，以醬油膏、米酒、黑胡椒和幾滴橄欖油按摩；豬肉絲以醃料先抓醃。

3. 炒料：熱鍋，倒1大匙麻油（分量外），煸香老薑末與紅蔥末，再依序加入香菇絲、櫻花蝦、豬肉絲。添醬油、醬油膏、鹽、米酒、糖、胡椒粉和五香粉等調味料，炒至肉熟後，盛起備用。

4. 煎雞腿：另起一鍋，倒1小匙油，雞皮用廚房紙巾壓乾，下鍋煎至表皮金黃酥脆，撒蒜末，翻面煎另一面，肉熟即盛起。

5. 炊飯：餘油倒入糯米拌炒，待米粒稍微上油後，倒入干貝絲、泡干貝絲的水、炒料裡的醬汁，若液體量不足2.4杯，則以水補足，放入土鍋中，以中小火悶煮至冒出白煙，關火（亦可用電鍋或電子鍋炊），將所有的配料（可留1大湯勺在最後擺盤鋪上）倒入糯米飯裡，悶10-15分鐘。

6. 勻和：添油蔥酥、麻油，再撒些五香粉和孜然粉，將飯和配料翻鬆拌勻。試吃一下，不夠鹹再撒些鹽拌勻即完成。

p.s　**炊煮油飯的水量約為糯米的**0.6-0.7**倍，此食譜使用4杯糯米約需**2.4**杯水。**

母親最愛的炒米粉

心裡惦記著一個人，就能在平行的時空有所連結。

清明節我帶孩子回娘家一同祭祖，大弟問：「你會炒米粉嗎？」我：「會啊！現在要做嗎？」大弟：「喔……不是現在。過幾天去北海福座掃墓時，你可以炒一份嗎？因為我夢見媽在吃炒米粉。」

我微笑說：「當然可以啊，媽以前最愛吃炒米粉了，我的炒米粉就是她教的。我來炒裡面有很多料，加很多白胡椒香噴噴，最後還要在湯汁裡加烏醋，有些濕潤不會太乾的炒米粉。」

我愛的炒米粉得用紅蔥末來爆香才夠香，肉絲先抓醃過才夠味，分量要下得足，存在感才夠強。專注於炒肉，在初熟之際，便要盛起，口感才會嫩。蝦米也不能省，鮮味的加持得靠它。還有滿滿的胡蘿蔔絲、香菇絲和高麗菜。

每一口炒米粉都包著餡料，米粉鑲著濃厚的鮮香精華汁液，有酒香、烏醋香、澎湃的胡椒香和五香。用膳時只顧著埋首吃飯不發一語的大寶，吃了一口之後竟抬起頭來，對我比讚。平日不愛炒米粉的二寶則是大聲「喔～」了一聲，接著喊：「太好吃了！」

一直忘不了母親離去的那日清晨，心跳歸零成一直線，儀器嗶嗶作響，我早已準備好，心卻還是被炸碎。然而，都過去了，祂現在很好。心裡想著祂，在廚房裡張羅著炒米粉，我們，是連結在一起的。這時的我，是幸福的。

拜拜的時候我跟祂說：「希望這盒炒米粉，祢會喜歡。其實我知道，祢一定會說喜歡，就像過去一樣。」

材 料	調 味 料
純米粉　1 包	鹽　2 小匙
腰內肉　300g	醬油　2 大匙
香菇　8 朵（或大香菇 4 朵）	醬油膏　2 大匙
蝦米　2 大匙	酒　3 大匙
胡蘿蔔　2/3 根	烏醋　3 大匙
高麗菜　1 個	胡椒粉　2 小匙
紅蔥頭　10 瓣	五香粉　1 小匙
蔥　2 根	

肉 絲 醃 料

大蒜　3 瓣，切末	胡椒粉　1/2 小匙
醬油膏　1 大匙	麻油　1 小匙
黑糖　1 大匙	太白粉　1 小匙
酒　1 大匙	

做 法

1. 備料：腰內肉切絲，以醃料抓醃。米粉以溫水泡 10 分鐘至軟，從中間剪一刀。香菇泡溫水至軟，搓去髒污後，切絲。蝦米以溫水抓洗一下後瀝乾。胡蘿蔔切絲，高麗菜切小塊。紅蔥頭切末。蔥切細。

2. 熱油鍋，倒入醃好的肉絲，炒熟後盛起。

3. 原鍋再添些油，爆香紅蔥末，依序炒蝦米、香菇絲、胡蘿蔔絲、高麗菜。添半碗水和 1–2 小匙鹽，蓋鍋、轉小火將蔬菜煮軟。

4. 待炒料熟軟後，沿鍋邊嗆酒、醬油、醬油膏、烏醋、胡椒粉、五香粉（試吃一下調整味道）。此時鍋內應有約半碗至一碗左右的湯汁，將米粉放入鍋，左右手分別拿長筷和鍋鏟拌炒米粉，直到米粉炒至自己喜歡的濕潤度。

5. 將炒好的肉絲倒回炒鍋內，合體拌勻後撒上蔥花即完成。

臘味煲仔飯

從小就愛港式料理，那曾是小時候的日常。和母親感情最緊密的阿姨，經常在週末帶著我們一大群孩子去西門町的金獅樓飲茶。如今餐廳的味道和記憶裡的不太一樣了，然而對港式料理的愛，從未消褪。

好吃的臘腸是靈魂，紅色臘腸走甜美路線，赭色肝腸的酒香深邃迷人。酒徒如我，偏愛肝腸多一些。臘腸先用叉子在白色肥油上刺刺刺，好讓油與米粒進行第一次接觸。

取出土鍋，倒入等量的米和水，添 1 小匙椰子油，丟一包茅乃舍高湯包浸在裡頭，鋪上整根肝腸，用中小火煮至氣孔噴出白煙，此刻可稍微欣賞一下這療癒的畫面再關火，用餘溫將米粒悶熟。15 分鐘後，取出臘腸斜切，將紅色與赭色錯落擺置，切些蒜苗或撒上蔥花，食用前淋上用玉泰醬油膏和蜂蜜調製的醬汁。

臘腸香美，米粒加了一小匙椰子油有些香米的氣息，再加上高湯包的加持，煲出來的飯真是油潤香糯，每一口飯都好好吃，簡單卻滿足。再燙些蔬菜，就是一頓能夠快速上桌的戰鬥料理了！

孩提時代裡的光，是生命裡永恆的光。一道菜、一餐飯，會瞬間讓人回到過去，變成那個曾被寵愛的孩子。

材 料

米　3杯

水　3杯

臘腸和肝腸　共5-6根

（可隨喜搭配兩者比例）

青蒜或蔥　2根

茅乃舍高湯包　1包

椰子油或橄欖油　1小匙

蒜苗　2根

淋 醬

玉泰醬油膏和蜂蜜各1大匙，也可加半湯匙巴薩米克醋，風味更有層次。

做 法

1. 3 杯米洗淨瀝乾，倒 3 杯水入鍋，添 1 小匙椰子油和 1 包高湯包浸在裡頭。

2. 臘腸用叉子刺刺刺，整根放入鍋中。

3. 若用土鍋，以中火煮至冒白煙，關火，悶 15 分鐘（喜歡鍋巴可繼續煮 2 分鐘再關火）。用餘溫將讓米粒熟透，開鍋試吃是否達到自己要的口感。

4. 取出臘腸和蒜苗斜切，三個顏色錯落鋪排，畫面很賞心悅目。食用前，淋上醬油膏和蜂蜜調勻的醬汁，沒買到蒜苗的話，也可撒些蔥花點綴青綠。

香草番茄燉牛肉

這道中西合璧的燉牛肉，容易上手又百吃不膩，是家庭料理中的經典。我們家幾乎每個月都會燉上一次，太久沒吃會想念。

大叔熱愛大口吃肉大口喝酒，平日大多蟄伏在房內寫專欄，只有燉肉時，繚繞的香氣會引誘他出洞，窸窸窣窣飄到廚房挾肉吃，再加碼給自己倒杯紅酒，還要合理化地說：「這麼好吃的牛肉，就會讓人忍不住倒酒。」二寶也會打開房門大喊：「厚～香死人了，香到我都快要死掉了！好期待晚餐和便當喔。」小鳥胃的他，總會吃到小肚肚都挺出來。

家裡的小陽台種了甜羅勒、九層塔、迷迭香、百里香和薄荷葉。過去燉肉喜歡用中藥行買的滷包，有了香草，就隨意在陽台採摘，看著一把鮮綠在茄紅的鍋裡，真美呀！若沒有香草，也懶得買滷包，用花椒、八角和白胡椒粒也是可以的。酒可以是紹興或料理酒，也可以是紅酒，風味不同，成品皆美。家庭料理嘛，簡便為要。豆瓣醬是靈魂的核心，千萬不能省略，想多加一匙也沒關係，只要記得把醬油減少些便是。

燉牛肉其實沒什麼撇步，豆瓣醬是靈魂的核心，而時間織就了華美。王宣一《國宴與家宴》裡的紅燒牛肉，用三天的時間燉煮、放涼、浸泡。我也曾試做。牛肉攝入豆香與醬香的魂魄，吃過這款，嘴就刁了！餘下的醬汁，再添幾顆新鮮的小番茄、一片撕碎的月桂葉，打入幾顆蛋燉 3 分鐘，延展出另一道嫩白裡鑲著橘黃的燉蛋。

一家人，因著這道燉牛肉，不斷堆疊食物與生活的美好記憶。將來，孩子們會有好多關於這道燉肉的畫面，以及和伴侶、兒孫們訴說的故事。

材 料

牛肋條和牛腱　**共** 1200g

（亦可搭配牛筋，這位親戚需要多花些時間，連續燉 2、3 天，
既能軟化也能入味。口感會像果凍一樣誘人！）

洋蔥　**1 顆，切絲**

大蒜　**15–20 粒，切末**

牛番茄　**6 個，切塊**

胡蘿蔔　**1-2 根，切塊**

馬鈴薯　**3 個，切塊**

紹興酒　**80 ml**

調 味 料

黃豆醬油　**80 ml**

黑糖　**2–3 大匙**（也可用蜂蜜柚子醬代替，多些柑橘香氣）

豆瓣醬　**2 大匙**（可依口味選擇辣或不辣，亦可混搭，辣與不辣各 1 大匙）

大紅袍花椒粒　**1 大匙**

鹽　**1 小匙**

香草　**1 把**（可用滷包或 1 粒八角、1 小匙花椒、1 小匙白胡椒粒取代）

卡疆粉　**1 大匙**

義大利麵番茄醬　**1/2 罐**（非必須，喜歡濃郁酸味可加）

蜂蜜柚子醬　**1 小匙**（非必須）

帕馬森起司　**1 小塊**（非必須）

松露醬　**1 大匙**（非必須）

做 法

1. 牛肋與牛腱（澳洲草飼牛肉質較好，比較不油）用料理剪刀修除肥油與筋膜（口感較好），汆燙後略用冷水洗淨後切塊。

2. 鑄鐵鍋（直徑 24 公分較足夠）倒 1 小匙油略煎肉塊至赤色，倒入洋蔥絲和蒜末炒出香氣，嗆紹興酒與醬油、加入黑糖、豆瓣醬、大紅袍花椒粒、牛番茄塊，蓋鍋等待番茄出汁。若番茄汁不夠，再注入半碗水（我通常是滴水未加的）。水的高度略低牛肉表面沒關係，牛番茄會再生出很多汁。轉大火，煮至鍋內奔騰後，蓋鍋轉微火慢燉 1 小時。

3. 1 小時後，打開鍋蓋，加入胡蘿蔔塊續燉 20 分鐘，再放入馬鈴薯塊、一把青綠香草（甜羅勒、迷迭香、薄荷葉、百里香），燉約 20 分鐘。添卡疆粉或綜合香料粉，慢火燉至胡蘿蔔軟、馬鈴薯鬆。喜歡酸一點，可加半罐義大利麵番茄糊，能使成品色澤紅豔，醬汁也更加濃郁。

4. 試試味道，如有必要可依喜好以鹽、糖、番茄糊或醬油調整，我通常會再加蜂蜜柚子醬、松露醬，刨些帕馬森起司，讓湯汁更加濃郁。鋪上新鮮的香草葉，就可以趕快入座開吃了。

蒜香雙味蝦炒飯

我們全家都愛東港，如果我是暴發戶，要在這裡買一間房，一切都是為了吃。華僑市場的大沙公和生魚片、秀英的櫻花蝦鮪魚湯飯和肉粿、佳珍的櫻花蝦炒飯、東隆宮旁冰の家水果冰⋯⋯都是每年必吃的美味。

東港的櫻花蝦炒飯，是全台灣最香、料最多也最好吃的。用足量的油煸香大把的蒜末和櫻花蝦，拌上Q彈分明的米粒，最後豪邁撒上白胡椒粉和蔥花，以豪氣干雲的姿態貫穿全場就對了！

在家吃當然要多加點好料，除了大把的櫻花蝦，我喜歡加碼肥美的大白蝦、筊白筍丁和土雞蛋兒。蝦仁醃了酒、醬油膏、白胡椒粉、香油和一咪咪太白粉。筊白筍丁是父親的家常炒飯配方，我很喜歡這樣的口感搭配，是炒飯裡的小清新，也是我憶兒時的幸福印記。

每樣配料都分開運行，在最完好的熟度下再合體，櫻花蝦、蒜末、胡椒的鮮鹹香，是這炒飯的靈魂。記得預留一些配料，因為上桌前，還要華麗地再鋪上一層炒料創造視覺效果。一端出場，無庸置疑，眾人「哇」一聲，然後很快就咻咻咻完食了。

材料

米 2杯

櫻花蝦 1小碗

大白蝦 10-15隻

大蒜 10粒，切末

筊白筍 1包約 4-5支

鹽 2小匙

醬油 1大匙

雞蛋 4顆

蔥 3根，切成蔥花

白胡椒粉 1小匙

黑胡椒 1小匙

蝦仁醃料

醬油膏 1小匙

酒 1大匙

白胡椒粉 1/2小匙

香油 1/2小匙

片栗粉或太白粉 1/2小匙

做 法

1. 備料：先把生米煮成熟飯，放涼備用。大白蝦洗淨後去殼，挑出腸泥，洗淨瀝乾，倒入醃料拌勻，醃 15 分鐘。4 顆蛋加 1 小匙醬油（分量外），打成蛋液。

2. 起鍋，倒 2 大匙油，煸炒蒜末和櫻花蝦，炒到香噴噴受不了時，先盛起。

3. 原鍋再加 1 大匙油，用長筷夾入醃好的蝦仁，一隻隻下鍋，不要重疊，煎至底部轉紅再用筷子翻面。熟後夾起。

4. 倒入蛋液，炒至 8 分熟即可盛起。

5. 原鍋添 1 小匙油炒茭白筍丁，添少許水悶熟，以鹽和黑胡椒調味。

6. 添 1 小匙油，倒入煮好的白飯連同已熟成的蒜末櫻花蝦（先倒一半就好）、炒蛋、蝦仁、茭白筍丁，全數拌勻後，沿鍋邊嗆醬油，添 1 小匙鹽略為拌炒。倒入豪邁撒上白胡椒粉（鼻子得稍微捏一下），磨上黑胡椒疊上另一層香氣，撒入澎湃蔥花。炒飯盛盤後鋪上餘下的半碗蒜末櫻花蝦，即完成。

p.s 蝦子建議買帶殼冷藏或是鮮凍，如此，便不需要擔心藥水浸泡的問題。除了新鮮之外，口感是超市剝好的蝦仁無法比擬的。蝦仁一定要醃才美味。

油量夠足，才能炒出粒粒分明、口感有嚼勁、香氣噴發的炒飯。

熟飯翻鬆後放涼，其實比冷飯更好炒喔。

壽喜燒牛肉玉子飯

全家都愛去日本旅行，也愛日式料理。回台灣後，總會做一系列的壽喜燒、散壽司、蒲燒鮭魚、玉子燒等菜色，讓旅行的幸福更加綿長。

壽喜燒有關東與關西之分，關東風味近似火鍋，想吃什麼就放什麼。關西風味則是帥氣直接，先煎香牛肉，撒糖，鑊氣勃發之時淋上調好的醬汁，涮地一聲。

我喜歡這樣的霸氣！醬香味濃，毫不做作。沾上蛋液一口吃下，享受牛肉的膏脂靈氣與醬香、焦糖香在嘴裡綻放並融合的華韻。再打幾顆蛋，讓蛋液沾附肉香和醬汁，撒些細蔥，做成滑嫩的玉子飯，簡單滿足。

若有時間餘裕，便可過渡到關東。添些油炒洋蔥與大蔥，加入高湯包和醬汁，就可以開始燉蔬菜、豆腐、菇類……想吃什麼儘管加，請不要客氣，當自己家。配料吸附了精華，滋味很迷人。撒上七味粉，或沾著芝麻醬吃，迷人到眼睛都要瞇起來了。

寒涼的天氣，一群人圍著桌子，一鍋到底，邊吃邊喝邊飲酒邊聊天，非常快意。法國符號學大師羅蘭·巴特在《符號帝國》一書便寫下：「壽喜燒是一道沒完沒了的菜，不停地做、不停地吃，我們也可以說是在不停的對話。……猶如一篇連綿不絕的文本。」壽喜燒在飲食與對話之間，物質與精神之間，符號與象徵之間，轉化得更深厚了，體脂肪和情感都是。

材料

牛五花或牛小排火鍋肉片　300g

和三盆糖或細砂糖　1 大匙

洋蔥　1/2 顆，切絲

雞蛋　4 顆

蔥　2 根，蔥白切段，蔥綠切花

七味粉　少許

黑胡椒　1 小匙

柴魚碎　2 大匙

壽喜燒淋醬

鰹魚醬油　4 大匙

清酒　4 大匙

本味醂　4 大匙

加碼好料推薦

柴魚昆布高湯包　1 包

大蒜　4 瓣，切末

胡蘿蔔　1/2 根

四季豆或甜豆　1 把

娃娃菜　1 把

板豆腐　1 塊

豆皮　4 片

雪白菇　1 把

生香菇　4 朵

火鍋貢丸、餃子統統好

做法

1. 醬汁：取一碗，倒入壽喜燒醬汁的材料，拌勻備用。

2. 壽喜燒肉片：熱鍋，添 1 小匙油，放入牛肉片（喜愛柔嫩口感者，可事先以 1 大匙鹽麴醃肉），撒 1 大匙糖，用長筷快速翻動，炒至 7 分熟，倒入調好的壽喜燒淋醬 3 大匙，肉片轉熟即挾起，撒上捏碎的柴魚。

3. 玉子飯：原鍋若太乾可嗆些酒，補 1 大匙壽喜燒醬汁，倒入 4 顆蛋液，底部稍微凝固即關火，用木湯匙順時針畫圈圈，趁蛋汁還是膏狀的時候，倒在白飯上，再添 1 咖啡匙的淋醬，撒上七味粉和蔥花，就做成了玉子飯。

4. 壽喜燒鍋：另取一鍋，將洋蔥、蔥白、蒜末炒香，依個人喜好，準備加碼好料排入鍋中，加水淹過食材，放入高湯包，倒入 6 大匙壽喜燒淋醬。開火，以中小火煮至食材皆熟。磨黑胡椒、撒上七味粉和和蔥花即完成。

海鮮炒年糕

父母親都很好客，尤其是母親，非常愛唱歌，常跟我們說起她差點當歌星的故事和遺憾。家裡買了一組卡拉OK，三天兩頭就有客人來唱歌。父親總會做些餐廳手路菜來招待客人，他做的脆皮雞、蚵卷和腐皮蝦卷實在太美味，讓母親在同事間的人氣很旺走路有風。

我從小跟著送往迎來，也不免沾染這樣的習氣，從高中就邀請同學到家裡吃飯。念研究所時，同學們感情很好，一篇原文閱讀，總要拆解成好幾份，大家各自翻譯成中文，再去咖啡廳開讀書會。讀書會的高潮，就是要吃頓好料犒賞自己念書的辛勞。

有次在餐館吃到一道海鮮炒年糕，大家都很愛，一份餐點大家輪流吃一口。於是，我就辦了場聚會，邀請同學和學弟到家裡來作客，海鮮炒年糕就是當時的一道菜。其他還有藍帶起司炸豬排、表姊口述的培根奶汁花椰菜，以及同學小V現場指導的酥炸鮮香菇。

匆匆，快20年過去了，這道菜同學們就吃過這麼一次。然而，好友小V偶爾還是會提起這場家宴。時間之河承載著的友情既深且長，生命中的片刻延展到如今，心裡很是感動，因為這裡頭有我，還有我們。就如同我每次在雞家莊吃到脆皮雞，吃到和父親做得一樣好吃的蚵卷或蝦卷，思念的巨浪便在霎時之間捲起千堆雪，每一片雪，都是珍貴的畫面，都是我生命裡的光，幸福卻帶著淚。

材 料	蝦 仁 醃 料
片狀寧波年糕　1 包	大蒜　2 瓣，切末
蝦子　300g	醬油膏　1 大匙
蚵仔　200g	米酒　1 大匙
透抽　1 尾	白胡椒粉　1 小匙
高麗菜　1/2 個	麻油　2 滴
（可用韓式泡菜代替）	太白粉　1 小匙
胡蘿蔔　1/2 根	
大蒜　3 瓣	
蔥　2 根	
芹菜　1 株	
鹽　適量	
白胡椒粉　適量	
辣椒　1 根（或辣椒粉 1 小匙，非必須）	

做 法

1. 備料：蝦子去殼，開背挑起腸泥，洗淨後瀝乾，以醃料抓醃。蚵仔清除身上的碎殼，沖淨瀝乾。透抽清除內臟後切塊。高麗菜撕小塊，胡蘿蔔切絲。大蒜切末。蔥和芹菜切細，分蔥白和蔥綠兩堆。

2. 熱油鍋，爆香蒜末、蔥白，挾入蝦仁、蚵仔與透抽略炒，鍋邊嗆酒，添些鹽、胡椒粉後先盛起。

3. 原鍋添 1 小湯匙油，續炒胡蘿蔔絲與高麗菜，蔬菜軟化後放入年糕片，倒半碗水將蔬菜與年糕煮約 1 分鐘至軟，添 1 小匙鹽和白胡椒粉調味，倒入炒好的海鮮合體，最後撒上芹菜珠、蔥花與辣椒末。

農夫起司歐姆蛋

美好的一天，就用歐姆蛋來振奮吧！

大寶和二寶從小住在質樸的迪化街老宅裡，對於華麗的飯店總是嚮往。每次旅行，一進飯店就會脫掉鞋襪在地毯上奔跑，我都很想用大聲公吶喊：「孩子，這裡不是原野，你會吵到樓下房客好嗎」？

我們特別熱愛享用飯店早餐，尤其是歐姆蛋。那種可以自由選擇這個、那個的配料，為你量身訂製的尊榮感，令人有些飄飄然。

蛋料理總令人歡喜，滑腴柔嫩的蛋體包覆著洋蔥、起司、番茄、菇類與蘆筍，色彩斑斕，讓人對食物充滿期待。用大餐匙舀入嘴裡，融合各種的香氣、口感與滋味，真是享受。

蔬食口味的農夫炒蛋很適合做為一天的起始，喜歡肉食的朋友，可自由搭配肉片、培根、德式起司肉腸、鮪魚和煙燻鮭魚，都是很好的選擇。

沖杯咖啡或搭配焦糖牛奶、豆漿或果汁，吃飽出門，感覺今天什麼好事都要發生了！

材料	蛋液
蘆筍　1 把	雞蛋　8 個（1 份兩顆）
洋蔥　1 個	鮮奶　4 大湯匙
牛番茄　2 個	帕馬森起司　1 小塊，刨屑
紅黃椒　各 1/2 個	黑胡椒　少許
綜合菇　1 小盒	
大蒜　6 瓣，切末	
奶油　1 塊（100g 包裝切 1 公分厚小塊）	
巴西里　1 株	
（可用乾燥的洋香菜碎葉）	

調 味 料

鹽　1 小匙
義式綜合香料　1 小匙
黑胡椒　1 小匙
披薩乳酪絲　1 小碗

做 法

1. 備料：雞蛋刨些帕馬森起司、黑胡椒和鮮奶打成蛋液。蘆筍削
   去上半段的粗纖維，切小段。洋蔥、番茄、甜椒切丁。菇菇去
   除根部髒污。

2. 熱油鍋，爆香蒜末，依序炒洋蔥、菇菇、甜椒、蘆筍、番茄，
   加鹽、黑胡椒、義式綜合香料調味，撒一把披薩乳酪絲，盛盤
   備用。

3. 平底鍋裡倒 1 小匙油，添 1 小塊奶油，倒入蛋汁。挖一湯勺餡
   料鋪在蛋上，將鍋子傾斜 45°角，快速讓蛋液包覆餡料。可用
   木湯匙幫忙塑形成橢圓，前後翻滾一下，讓蛋體更加圓潤定
   型。如此工序，重複製作另外 3 份。

4. 盛盤，撒上切碎的巴西里即完成。

配料無上限的椒香白帶魚肉骨茶湯

這一鍋湯，馥郁芳華有滋有味，有椒鹽肉骨茶或粵式豬肚鍋底的底韻，用來宴客也毫不羞赧。湯底的風味定調了，裡頭的配料可繁可簡可風華，隨喜自在皆由人。

以茅乃舍的海鹽昆布高湯包作湯底，花椒、白胡椒粒、洋蔥和大把的蒜粒是香氣的靈魂，與豬腹排一起先潛下鍋燉一小時，再放入喜愛的配料。配料固定班底是胡蘿蔔和甜玉米，有綠竹筍、皇帝豆、蓮藕、菱角的季節，也絕不能錯過。想多吃蔬菜的時候，就加半顆高麗菜或綠花椰菜進鍋。要加貢丸、餃類、火鍋配料或一條魚，澎湃無上限地堆疊上去，也都能兼容並蓄。包容度極高，就像人生該有的修煉。

鑄鐵鍋將排骨燉得柔軟，骨邊帶著筋，咬感甚是迷人！胡蘿蔔的生澀全無，浸潤的是大蒜與花椒胡椒香氣。而大蒜化作泥，細白如雪融在湯裡。最後加一大匙鹽麴，提了湯頭的甜美與香濃，滋味甚好。

二寶很快速地喝完湯，讚嘆：「這個湯簡簡單單的，可是卻好好喝，而且喝一碗就飽了，真是太好了！」

春夏之際白帶魚盛產時，非常推薦在湯燉好時，鋪上一大片，湯汁鮮甜至極，魚肉細嫩甜美，能夠吃進季節的恩典。小時候不愛吃煎白帶魚，總覺得腥。長大後，嚐過湯裡的鮮嫩滋味後，就愛上了。肉類與海鮮的結合，將旨味帶到一個更圓滿的美麗境界，我非常喜愛。

材 料

帶骨豬小排　約 600g

茅乃舍海鹽昆布高湯包　1 包

白胡椒粒　1 大匙

大紅袍花椒粒　1 大匙

薑　2 片

蒜粒　2 大球

洋蔥　1 顆

胡蘿蔔　1 根

甜玉米　2 根

白帶魚塊　20 公分長段（非常推薦）

酒　2 大匙

鹽麴　1 大匙

芹菜或香草　1 株

做 法

1. 備料：豬小排冷水汆燙至微滾，撈起，用冷水沖掉骨頭旁的碎屑、血漬與浮渣後瀝乾。洋蔥切絲，胡蘿蔔和甜玉米切塊。

2. 湯鍋注入半鍋水，放入高湯包、白胡椒粒、大紅袍花椒粒（放在棉袋裡或不銹鋼泡茶器裡）、薑片、蒜粒、洋蔥絲，水煮開後，豬小排入浴泡湯，大火煮滾後轉小火燉 50 分鐘。

3. 加胡蘿蔔塊再燉 30 分鐘，蘿蔔煮軟後，放入甜玉米塊、喜愛的蔬菜或配料。蔬菜燉軟、配料浮出水面後，添 2 小匙鹽、2 大匙酒。

4. 放上白帶魚片，魚片轉白後試下味道，酌量添加鹽或鹽麴（我添了 1 大匙鹽麴），鋪上新鮮香草或香芹綠葉即完成。

Part

3

職業煮婦／夫
的武功密笈

忙碌時需要快速打擊出好菜的時候，
冰箱裡有快熟的食材或醬料，
就是最好的應援，
怎樣都不怕餓著。
下班後三兩下就能為心愛的家人，
優雅端出一桌豐盛營養的佳餚。
上菜的那一刻，下巴都不自覺抬高，驕傲了起來。

波隆那起司肉醬

台式肉臊是澱粉的好朋友，西式的波隆那起司肉醬也不遑多讓。這款肉醬的應用度極廣，要炒義大利麵、烤千層麵、歐姆蛋或烤吐司披薩，都很合拍。直接淋在白飯上，或下一把麵條乾拌也很可以，中西合璧總令人雀躍和驚喜。

一次可炒多些備著，分裝在密封罐裡，隨取隨用，省卻許多工序和時間，而時間就是在這些皺褶裡攢出來的。別人還以為我們身手俐落，一個轉身甩個頭髮就可以優雅上菜。

大量的洋蔥、大蒜和番茄，佐以月桂葉、卡疆香料與烏斯特醬，疊上香與鮮，蜂蜜柚子醬添了清新與香甜。最後刨入的帕馬森起司，將所有精華收攝成濃郁的酸甜滋味。這是道情意真切的料理，只有家常和高級餐廳能這般用料。

材 料

牛、豬絞肉　共 500g

洋蔥　1 顆

大蒜　8 瓣

乾月桂葉　3 片

紅酒　50ml（非必須）

鹽　1 小匙

義大利麵番茄醬　1 罐

番茄醬　2 大匙

李派林烏斯特醬　2 大匙

蜂蜜柚子醬或蜂蜜　2 大匙

帕馬森起司　1 小塊（非必須）

絞 肉 醃 料

鹽麴　1 又 1/2 大匙

黑胡椒　1/2 小匙

卡疆粉　1 大匙

做 法

1. 備料：絞肉先以醃料拌勻。洋蔥切丁、大蒜切末、乾燥的月桂葉略沖淨後瀝乾。

2. 取一只平底不沾鍋，乾炒洋蔥丁，炒至洋蔥有些透明，添 1 小匙油，爆香蒜末，再倒入醃好的絞肉翻炒，添紅酒、鹽、義大利麵蕃茄醬、番茄醬、李派林烏斯特醬和撕碎的月桂葉，中火煮至肉熟並且醬汁轉濃。

3. 加入蜂蜜柚子醬，試吃並調整味道與香料，一切都完美後再刨入半碗帕瑪森起司屑，盛盤後鋪些羅勒香草裝飾並添香。

超下飯古早味肉臊

　　大叔的脾胃是台灣的、傳統的、古早的，隨著年歲增長，他的喜好更加強烈。異國料理他雖覺得好吃，但就是不能疼入心。我想他愛的……是形而上的復古情懷吧。

　　這款肉醬有澎湃的紅蔥香，洋蔥丁炒到焦糖化釋放出甜味，絞肉炒過後先加了黑糖，再將豆瓣醬和醬油炒出醬香，接著沿鍋邊嗆入陳年紹興添酒香。末了，撒上五香粉、孜然粉和甘草粉。整間房子都香噴噴，孩子一回家就被香到喊肚子餓。

　　將肉醬澆淋在飯上，再煎顆半熟蛋，旁邊放上燙青菜，那碗裡的小宇宙迸發出耀眼的幸福感！

　　煮好的白麵加上兩勺肉醬，食物都活潑了起來。夾在饅頭或吐司裡，再包入蔥花蛋、起司和生菜也很搭。有天上班中午懶得外出，泡了一包泡菜拉麵，加了兩大匙古早味肉臊和四季豆丁……上班這樣吃，工作效率和活力都很飽滿啊。冰箱裡常備著肉醬，是最好的應援，就不怕餓著了。

烤檸檬松阪豬

　　松阪豬肉體單薄，油脂卻很豐厚，口感有些脆與咬勁。抹上鹽、糖和香料，烤 10 分鐘，就能快速上菜。

　　調味得重些，才能提出膏脂韻味，還可以順便多喝幾口酒。切幾片檸檬一起入烤箱，柑橘香氣優雅迷人，嚼著嚼著，肉香與檸檬香在舌尖與胸臆之間迴盪。

　　不用烤箱，也可在鍋裡煎。煎得表層金黃有些鑊氣，也同樣香美好吃。

　　食用前刨些檸檬皮屑，擠上檸檬汁，頓時覺得自己的呼吸吐納充滿芝蘭之氣，什麼火氣都不見了。

材 料

松阪豬　400g

檸檬　1 顆，切薄片

洋蔥　1 顆，切片

大蒜　3 瓣，切末

粗粒海鹽　1 大匙

糖　1 大匙

黑胡椒　1 小匙

煙燻紅椒粉或卡疆粉　1 小匙

橄欖油　1 小匙

淋 醬（非必須）

檸檬　1/2 顆，搾汁

蜂蜜　1 大匙

做 法

1. 醃肉：松阪豬略洗淨後用廚房紙巾壓乾，抹海鹽、糖、黑胡椒、
   卡疆粉、蒜末和橄欖油，全數按摩抓勻。

2. 烤盤鋪一張鋁箔紙，底部鋪上洋蔥切片，疊上松阪豬，再疊上
   檸檬切片，烤箱預熱 200 度，以上下火烤 10 分鐘。

3. 取出松阪豬，切片後刨上檸檬皮屑。若想淋醬汁，可用檸檬汁
   調些蜂蜜，食用時淋上。

檸汁干貝

我們全家都愛干貝，尤其是滋味鮮甜口感豐厚的北海道生食級干貝。用鐵鍋煎得外部焦香內裡柔嫩，搭著香蒜，撒上香料，刨上檸檬屑，放片薄荷葉，擠上檸檬汁。咬下一口，啊！有股幸福感會由心底竄升然後蔓延開來。吃的量不用多，一次吃一顆就很滿足。

家裡總是備著一包，有次颱風來得急，大叔來不及買菜，我們從冰箱翻出的救急料理……是白酒干貝鮮蝦義大利麵。颱風夜這樣吃，聽著疾風驟雨在窗邊咆嘯拍打，也沒有那麼不安了。

干貝要煎得有炙燒感，得充分退冰，鐵鍋先燒得火熱，再燒熱油，下鍋前用廚房紙巾先將干貝表面的水分壓乾，萬事俱足後再下鍋。下鍋後不擾動它，直到嗅見香氣恣意飄散。以長筷翻看，底部呈金黃即可翻面煎。煎到用筷子輕壓仍有些軟度與彈性，會是最好吃的熟度。

煎完干貝，添些油，將蒜末煎得酥脆，點綴在干貝上，再刨上檸檬皮屑，食用時擠上檸檬汁，這吃法真是美味極了。

材 料

北海道生食級干貝　4 個

大蒜　2 瓣，切末

檸檬　1/2 顆

海鹽　1/2 小匙

黑胡椒　1/2 小匙

卡疆粉　1/2 小匙

新鮮檸檬薄荷葉　4 片（非必須）

做 法

1. 熱鐵鍋，倒 1 大匙油，油燒熱後挾入干貝（下鍋前先用廚房紙巾壓乾表面水分），以中大火將干貝煎至底部金黃，香氣飄散後，側面 0.2 公分高度處轉白，便可翻面煎另一面，煎到用筷子輕壓有些柔軟與彈性最完美。撒上海鹽和卡疆粉，盛盤。

2. 原鍋添 1 小匙油，倒入蒜末，煎至金黃，鋪在干貝上。以刨刀磨些檸檬皮屑，亦可綴以檸檬薄荷葉美化。食用時擠上檸檬汁，就是一道銷魂的料理。

地中海檸檬香草烤魚

人到中年，聽到什麼對健康好，總會自動植入到大腦的記憶晶片，並且身體力行。地中海的料理方式，能降低心血管疾病和認知功能的障礙，是我近年的心頭好。

海鮮類只要夠新鮮，滋味就美。選擇友善捕撈的中小型魚種，用最簡單的蒸或烤，品嚐食物的原味本色，就是對海洋最深的致敬。

這道菜有魚的鮮、文蛤的美，小番茄的酸甜，酒香、香草香和檸檬香。紅色、黃色、綠色、石頭色，真是一鍋的美好。烤出的湯汁真是鮮美，用法國麵包沾著吃很美味。白酒選用喜愛的香氣與風味即可，沒有新鮮香草也沒關係，用容易取得的九層塔、芹菜、香菜、巴西里葉也是可以的，香氣不同而已。

天熱或發懶的時候總想輕鬆上菜，一份地中海烤魚，有蔬菜有魚肉和蛤蜊，再把將剩下的白酒用來佐餐，就是豐盛又滿足的一餐了。

材 料

鱸魚或石斑　1 尾

大文蛤　10 顆

小番茄　約 12–15 顆

洋蔥　1 顆

紅黃椒　各 1/2 個

大蒜　4 瓣，切末

鹽　2 小匙

黑胡椒　1 小匙

義式綜合香料　1 大匙

橄欖油　1 小匙

白酒　100ml

黃檸檬　1 顆（綠萊姆也可以）

新鮮綜合香草　1 小把（百里香、迷迭香、羅勒葉都很適合，可依各人喜好搭配）

巴西里　1 小株（可省略）

做 法

1. 備料：蛤蜊以溫鹽水吐沙 2 小時。小番茄對切、洋蔥橫切成圓形、紅黃椒切長條或圓圈皆可、大蒜切末。檸檬半顆切片、半顆切小塊狀。

2. 魚身斜切幾刀，在魚身的表面與內裡全都要均勻塗抹澎湃的海鹽、黑胡椒、義式綜合香料、蒜末，再淋上橄欖油和白酒。魚身體裡放入檸檬片和綜合香草束。

3. 烤盤先刷些橄欖油，舖上洋蔥，再疊上魚，魚身上鋪 2 片黃檸檬。將彩椒、文蛤、小番茄和剩下的香草隨意置放。

4. 烤箱先預熱 200 度，烤 15–20 分鐘（烤的時間請視魚的大小厚度來決定）。盛盤後撒上新鮮巴西里碎，切幾塊檸檬在旁，食用前淋上檸檬汁。

《昨日的美食》番茄乳酪燉雞

身為媒體人，觀察（追）媒體（劇）是必要的，雖然二寶每次看到我在追劇就會抗議：「哼！我恨追劇。」因為媽媽會進入到另一個平行時空，看得到他，卻聽不見他，也無力回答他。

日劇《昨日的美食》對於料理的做法與細節都很講究，令人每看一集就急著想馬上跟著做。白酒番茄燉雞是我平日常做的菜色，然而卻沒像第三集時，男主角以乳酪絲來詮釋「番茄乳酪燉雞」。看人心蠢蠢欲動，忍到下班，終於可以衝去超市採購食材，回家的腳步很是輕快。

先用鐵鍋乾煎雞腿，添了蒜末，整個廚房香噴噴。續炒洋蔥、胡蘿蔔絲和鴻禧菇，嗆了半瓶白酒（劇中用高湯），頓時香氣盈滿。再倒入義大利麵番茄糊和番茄醬，顏色豔麗真是好看。抓一把乳酪絲從高處撒落，覺得自己相當帥氣。看著乳酪絲融化的模樣，實在太迷人，我眼睛一直噴出愛心。

白酒的香氣直到煮完飯後仍在廚房裡迴旋。我挾了一塊雞肉入口，真是靈氣飽滿又軟嫩的雞肉。白酒香氣率先衝出，接著是起司與香料，然後是番茄與之完美交融的酸甜滋味。喜歡起司風味的朋友，乳酪絲不妨多加些，幸福指數會飆得更高喔。

材 料

去骨雞腿　3 支（若雞腿體型較大，2 支即可）

大蒜　5 瓣

洋蔥　1 個

鴻禧菇　1 盒

白酒　1/2 瓶或等量高湯

義大利麵番茄醬　1/2 罐

番茄醬　2 大匙

鹽　3 小匙

義式綜合香料　1 大匙

乳酪絲　1 碗

香草（羅勒葉、九層塔葉或薄荷葉）　1 小把

做 法

1. 備料：去骨雞腿切塊，撒 2 小匙鹽與黑胡椒略醃，大蒜切末，洋蔥切絲。鴻禧菇切除根部髒污後剝散。

2. 熱鍋，倒 1 小匙油，雞皮擦乾後朝下入鍋，煎至雞皮呈金黃後翻面續煎（雞油若太多，先倒出些再煎）。添蒜末，待肉的那面轉熟，先將雞塊挾起備用。

3. 原鍋續煎洋蔥絲，我額外加了些胡蘿蔔絲（為了配色亮麗，並增加蔬菜攝取量）和鴻禧菇，稍微拌炒後，倒入白酒（可用等量高湯替代，有了高湯便不需要酒，但我嫁給酒鬼後，也變得偏愛酒精，都沒有的話加清水亦可）、義大利麵醬、番茄醬。

4. 燉至胡蘿蔔軟化後，添 1 小匙鹽和義式綜合香料，倒入雞腿塊合體拌勻，從高處撒落 1 整碗乳酪絲（是可以不用這樣，但我喜歡）。乳酪融化即可起鍋，最後綴以新鮮羅勒葉或九層塔即完成。

蔭鳳梨苦瓜雞湯

　　這款湯融合了鳳梨的甜、小魚的鮮、雞肉的美，就算和苦瓜相遇，整鍋湯仍是甘甜的。

　　天氣熱了，苦瓜就上市了。六七月天，苦瓜逢天時、得地利。菜市場一條才賣 30 元，這價格真是太美麗！買個兩條，一條滷煮，一條燉湯，消消暑降火氣也美容養顏。然而苦瓜屬寒，必須搭配薑片同煮才能調和。

　　苦瓜要能回甘，唯一要領就是得將內膜刮除乾淨。先汆燙好雞肉或排骨，抓把丁香魚、半罐蔭鳳梨、薑片、蒜粒和洋蔥，想要華麗些，就加上新鮮鳳梨塊一起燉，簡簡單單就能燉出清爽宜人的夏日湯品。如果懶得處理肉，丟一包茅乃舍雞高湯包也是可以的，而且，和餐廳賣的一樣好喝。

　　小時候很怕吃苦瓜，現在不僅不怕，還變得有些熱愛了……也許，這算是一道能夠認證成為大人的湯品吧！

材 料

去骨雞腿　1–2 **支或**排骨 300g
（懶得備肉，也可用現成的雞高湯包）
苦瓜　**1 根**
鳳梨　**1/2 顆**
蔭鳳梨　**1/2 罐**
丁香魚　**2 大匙**
嫩薑　**5 片**
蒜粒　**5 瓣**
洋蔥　**1 個，切絲**
鹽麴　**1 大匙（若用高湯包，切記不要加鹽）**
蔥花　**適量**
白胡椒粉　**依自己喜好**

做 法

1. 備料：雞肉洗淨汆燙，放涼後切塊備用。苦瓜對半切，用大湯
   匙去籽，再將內裡的薄膜儘量刮除，若真的很怕苦，可用熱水
   略為汆燙，然後切成適口大小。鳳梨切塊備用。

2. 湯鍋中注入半鍋水，放入嫩薑片、蒜粒、丁香魚、洋蔥絲、蔭
   鳳梨（湯汁一併倒入）、鳳梨塊和苦瓜，燉半小時。

3. 苦瓜熟軟後，放入雞腿塊，雞腿熟後，試下味道依各人喜好斟
   酌添鹽，我則加了 1 大匙鹽麴，調味完成後撒些蔥花和白胡椒
   粉即可上桌。

高湯蔬菜的無限應用

　　黃家男孩團體雖愛大口吃肉，也很怕血管油脂堵塞，因此非常注重蔬菜的攝取。然而，像蔬菜這樣的配角，很少被隆重對待，但若隆重到花太多時間，那我們就輸了。如何快速地做出好吃的蔬食，對我而言，是得花些心思的。

　　自從同事去日本玩，帶了茅乃舍高湯包送我後，我的人生就不能沒有它。燉湯、炊飯、滷肉、玉子燒，都充滿著它的倩影。後來連燙青菜都很奢華的丟一包。建議大家週末可自行燉煮高湯，或是像我這樣直接囤貨高湯包。

　　有時間時，將多種蔬菜分別汆燙好，豆莢類、筍類、花椰菜、彩椒，都很耐得住保存。燙好後，分裝在保鮮盒裡，想吃的時候，像中藥房配藥員一樣，抓取所需，組裝加熱並調味，很快就變出一道蔬菜上桌。這樣的便利之道，能讓張羅餐食的人，有種偷到時間的愉悅感。

　　一包茅乃舍鰹魚高湯包，用 800ml 水煮開後轉小火燉 10 分鐘，將每樣蔬菜分別汆燙至去除生澀即可。味道淡或不易變色的蔬菜先汆燙，再依序燙味道重的蔬菜，每燙完一樣蔬菜，便加些水和 1/2 小匙鹽。汆燙好後平鋪放涼並瀝乾，若要馬上吃便可直接調味，否則就放進冰箱保存，要食用時再淋醬汁。

　　高湯能帶出蔬菜的清甜滋味，若是你口味清淡，磨些黑胡椒就很好吃了。想吃得華潤些，下頁和大家分享幾款我喜愛的口味變化。

四季豆

甜豆

豌豆

毛豆仁

綠竹筍

玉米筍

蘆筍

花椰菜

秋葵

彩椒

做 法

1. 選幾樣事先燙好的蔬菜,再從下方選一個今天想吃的風味,將蔬菜和調味料一起拌勻,馬上就能優雅上菜了。

    - 蒜香口味:以橄欖油炒香蒜末,撒鹽,磨些黑胡椒與蔬菜拌勻。

    - 鹽水雞風味:蔬菜拌些鹽、糖、蒜末、蔥花、白胡椒粉和麻油,以後就不用辛苦排隊買鹽水雞了。

    - 居酒屋風味:淋些白醬油,撒上捏碎的柴魚。

    - 芝麻味噌風味:1 小匙味噌醬與芝麻醬,加 1 大湯匙熱開水拌勻後淋在蔬菜上,用小烤箱烤香芝麻粒後撒上。

    - 其他現成淋醬:堅果醬、柑橘醬油、柚子醋、薑醋、油醋醬。

咖哩肉丸子

　　大寶熱愛咖哩，每星期晚上補習的日子，他會和同學在放學後一起去便利商店買晚餐，他買的永遠都是「咖哩飯」，永遠吃不膩（媽媽手扶額頭）。他對咖哩⋯⋯絕對是真愛。

　　我也欣賞咖哩，欣賞它的雍容大度、兼容並蓄，無論什麼奇怪的蔬菜，在它面前，都能被感化，具有摧枯拉朽的神秘魔法。更何況，人家可是「奇蹟香料」，能抗癌又預防失智呢。

　　忙碌的時日裡，請咖哩上場就對了。炒得焦糖化的洋蔥丁，添些水，放入蘋果咖哩、爪哇咖哩，就和許多專賣咖哩的餐廳一樣好吃，連怕辣的二寶都被收服了。也可加些無糖可可粉或 78% 的黑巧克力，就變身成黑咖哩，很受孩子歡迎。我也曾偷渡加了 1 匙白蘭地酒在醬汁裡，香氣襲人！

　　肉丸子走極簡風。將豬絞肉混合洋蔥丁、鹽麴、蒜末、黑胡椒、太白粉或片栗粉、麻油，加顆蛋抓勻。肉不用摔，用湯匙挖進章魚燒鍋裡煎至定型即可。盛盤後，再一顆顆轉進咖哩醬汁裡翻滾，是短時間就能成就的料理。

　　肉丸子有洋蔥的甜與脆，肉體的柔與嫩，口感有層有次，很討人喜愛。滾過咖哩漿泥，配上軟嫩蛋包或炒蛋，那又是另一層次的享受了。把醬汁吃乾抹淨，是大寶對咖哩的最高致敬。

肉 丸 材 料	咖 哩 材 料
絞肉　300g	洋蔥　1/2 個
洋蔥　1/3–1/2 個，切丁	蘋果咖哩　內包裝 1 小塊
大蒜　3 瓣，切末	爪哇咖哩　內包裝 1 小塊
鹽麴　1 大匙	印度咖哩粉　1 小匙
雞蛋　1 顆	78% 黑巧克力　內包裝 1 小塊（非必須）
黑胡椒　1/2 小匙	白蘭地酒　1 大匙（大人專屬）
太白粉或片栗粉　2 小匙	
麻油　1 小匙	

做 法

1. 取一料理盆，將肉丸材料混合抓勻，直至手感有些黏性才不易
散掉。

2. 熱油鍋，用湯匙挖肉丸子入鍋煎，煎至表面金黃定型，即可先
盛起備用。

3. 將半顆洋蔥切丁，以原鍋將洋蔥丁炒至焦糖色，添 2 碗水，放
入蘋果咖哩與爪哇咖哩各 1 小塊，再添 1 小匙印度咖哩粉。我
通常會再加塊 78% 的黑巧克力和白蘭地酒。

4. 將肉丸子連同釋出的肉汁滑入咖哩醬汁中，煮滾後再等 3 分鐘
直至肉丸子內裡熟透，盛盤後鋪上香草綴飾即完成。

剝皮辣椒雞湯

我不愛珠寶鑽石，獨愛旅行，和心愛的人一起。旅途中總愛吃吃喝喝買買，買個土產吃食、在地佳釀、餐盤杯墊、薰香燭台、衣服包包、手作編織圖騰。是紀念，是未來的借物思念，更是嚮往生命恆常美好的念念。那是我們牽著手，紮紮實實在一起的情感共振印記。

大寶上國中後，我們更少旅行了，僅能偶爾在連假或寒暑假空檔安排個小旅行，聊勝於無。在鐵花村買了香氣飽滿的原木鍋墊，在花蓮試吃後買了梅子和苦茶兩種口味的剝皮辣椒。結帳的當下心想著：梅子口味就直接吃了比較爽快，苦茶嘛就用來燉湯。一想到可以喝到燉剝皮辣椒雞湯，我整個人好雀躍，付錢付得好開心。

去骨雞腿排先將雞皮煎過，帶出香氣並且逼出油脂。用澎湃的蒜末、花椒、白胡椒做湯底引香，挾了主角——剝皮辣椒入鍋，神秘嘉賓是蔭瓜，它才是整鍋湯甘味的靈魂。燉湯時，我喜歡以鹽麴收尾，任何的湯品有了它，整鍋都振奮起來了，沒有不好喝的。

材 料	調 味 料
去骨土雞腿　2支（或肉雞腿3支） 　　　　　　約400g	鹽　1小匙
	米酒　2大匙
剝皮辣椒　2根，湯汁1大匙	白胡椒粉　少許
蔭瓜　3塊	鹽麴　1大匙
乾香菇　4朵	
蒜粒　10粒	
蔥　1–2根	
薑　3片	
白胡椒粒　1大匙	
花椒粒　1大匙	

做 法

1. 去骨土雞腿沖淨後瀝乾，以廚房紙巾壓乾表皮水分，兩面抹鹽和黑胡椒。熱鍋，倒1小匙油，雞皮朝下煎，煎至雞皮金黃後盛起，肉不用熟，稍微放涼後切塊。

2. 用小棉袋或泡茶器裝入白胡椒粒、花椒粒。蔥切細，香菇泡溫水，泡軟後用手指搓掉皺褶髒污，瀝乾備用。

3. 取一湯鍋，注入半鍋水，將蒜粒、薑片和香料小棉袋放入，挾入剝皮辣椒連同湯汁、蔭瓜、泡發的香菇，燉20分鐘。

4. 鍋邊嗆米酒，放入雞塊，燉至雞肉轉白，試下味道，依據個人口味添加鹽和鹽麴。撒上白胡椒粉和蔥花，完成。

XO醬空心菜

　　青菜單炒總有些空虛，我喜歡添些醬料堆疊風味，讓青菜也能好吃又下飯。由於葉菜類隔夜會產生亞硝酸鹽，不方便裝進便當，週末在家吃飯，總要想辦法加碼多吃補回來，有一種很怕錯失了什麼會虧到的心態。

　　干貝XO醬、小卷醬、蝦醬和蔬菜都很搭。嗆些陳年紹興酒，最後再加XO醬，一整盤的翠綠香噴噴。有了醬料的加持，小鳥胃二寶，經常是家裡最後掃盤的小尖兵。

材 料

空心菜　1 把

大蒜　2 瓣，切末

陳年紹興酒　1 大匙

XO 醬　1 大匙

鹽　1/2 小匙

辣椒末　（非必須）

做 法

1. 空心菜洗淨瀝乾，分切莖與葉兩堆備用。

2. 熱油鍋，爆香蒜末，倒入莖與 1 小撮鹽拌炒，沿鍋邊嗆陳紹，添 2 大匙水，蓋鍋悶至軟，再放入葉子，炒至喜愛的熟軟度後，加入 XO 醬拌勻，最後撒上辣椒末裝飾即完成。

泡菜起司炒肉片

這道菜可以神速上菜，只要有好吃的泡菜就成功一半了，剩下的另一半，只要用鹽麴醃肉就行了。最後用乳酪絲將泡菜與肉汁炒到牽絲你儂我儂，就可以優雅上菜了。

泡菜可以是韓式泡菜或黃金泡菜，只要是你喜歡的風味就很好。我有時在餐廳吃到喜歡的，也會外帶一罐回家。

孩子還不太能吃辣，平常慣用的是堂姐夫做的黃金泡菜。姐夫是位大廚，他做的泡菜好吃極了，用大量的蒜末非常夠味，吃了覺得身體裡的細菌都被消滅了。胡蘿蔔泥細細的像蝦卵一樣很可愛。做這道菜，香氣一直從鍋子噴近我鼻孔，真是香死了！

泡菜除了直接吃，也可以做泡菜鍋，或是做成蔬食的泡菜起司蛋三明治。吐司先鋪上抓過鹽的小黃瓜片，再依序鋪上瀝乾的泡菜、乳酪絲，放進烤麵包的小烤箱裡烤。吐司烤好後，擺上半熟蛋，鋪上一層麻油口味的海苔片。作為早餐，這真是一天美好的起始。

材 料	肉 片 醃 料
豬五花或梅花肉片　300g	大蒜　2 瓣，切末
泡菜　1 大碗	薑　1 片，切末
焗烤雙色乳酪絲　1 小碗	鹽麴　1 大匙
蔥　2 根，切成蔥花	酒　1 大匙
辣椒　1 根，切末（不嗜辣者可省略）	麻油　2 滴
	黑胡椒或綜合香料粉　1/2 小匙
	太白粉或片栗粉　1 小匙

做 法

1. 醃肉：豬肉片以醃料抓醃。

2. 熱鍋，倒 1 小匙油，將肉片炒至 8 分熟。倒入泡菜炒出香氣，再加入乳酪絲，拌炒得你儂我儂後撒上蔥花，喜愛香辣口味的話可以加些辣椒末。若家裡有海苔絲或韓式的麻油海苔片，也可以捏碎鋪在上頭，增添另一層香氣與風味。

蜂蜜柚子漬白蘿蔔

這道小菜簡單又美味，更得人疼的是還非常涮嘴，比起日式或韓式餐廳裡的小菜，毫不遜色。

白蘿蔔切片後加足量的鹽，裝在冰色的玻璃醃漬罐裡放入冰箱，有種天地合一的清涼歸屬。醃一小時後，白蘿蔔生出很多水，捏乾水分後放冰箱冷藏。隔天再拌上蜂蜜柚子醬和檸檬汁，刨些檸檬皮屑，兩個小時後就可以假借試吃之名捏兩片來吃。

翠綠的檸檬皮香氣撲鼻，白蘿蔔清新爽脆，酸甜滋味惹人食慾。我在流理臺前試吃了一片，就忍不住又陸續捏了三、四片進嘴裡，像《神隱少女》裡貪吃的食客，一臉饞相。若能忍到三天後吃，滋味會更加濃郁，一道誘人的小菜就可以和心愛的人分享了。

材 料

白蘿蔔　1 根，切 0.3–0.5 公分薄片
鹽　2 大匙
韓國蜂蜜柚子醬　2 大匙
檸檬　2 顆，先刨下皮屑，果肉再擠汁

做 法

1. 白蘿蔔去皮後切 0.3–0.5 公分薄片，用白蘿蔔重量 3% 的鹽抓勻，放入醃漬罐或找個較重的鐵鍋壓在上頭，1 小時後擠出水分，再放入冰箱冷藏，冷藏 1 天。

2. 從冰箱取出，再次擠乾水分，試吃鹹度，需比平常的口味再重些，若真的太鹹就用飲用水沖掉些鹹味，瀝乾。

3. 添蜂蜜柚子醬、檸檬汁和皮屑，放入冰箱冷藏 2 小時以上，放 3 天以上會更加深刻入味。

乾煎椒鹽比目魚排

　　沒時間又想吃好料的時候，就做這道吧。只要有喜愛的香料和鹽，就成功了。

　　比目魚又稱鰈魚，和鱈魚的口感很像，有豐富的 omega-3 脂肪酸，對心血管、大腦和視網膜的發育很好。沒有細刺，肉體滑潤，香氣溫和沒什麼腥味，很適合小孩和不愛剔魚刺的人食用。

　　兩面抹鹽，加酒、和醬油膏，切幾片薑和蔥段，放入電鍋蒸，是小時候的家常做法。若想吃香酥口味，就油煎吧，一下就能上桌了。我不喜歡油煸過薑片的味道，有香料就夠了。無論是義式綜合香料、紐奧良風味的卡疆粉、咖哩粉、海鮮香料粉，或是最簡單的黑胡椒都好。在熱油的催化下，迷媚誘人，盛盤後撒上大蒜粉，就和鐵板燒餐廳一樣好吃。

　　魚要煎得美豔動人有幾個重點，請趕快用螢光筆畫下來──鍋要熱、油要多、魚要乾、怕碎就撲粉、下鍋不擾動、皮酥再翻面。煎得噴香鹹酥的魚排，真是好吃極了！下意識就會想去冰箱倒酒來喝個暢快。

材 料

比目魚　2片

酒　2大匙

大蒜　3瓣，切末

太白粉或地瓜粉　1小碗（怕煎破可用）

海鹽　2小匙

黑胡椒粒　1小匙

綜合海鮮香料粉　1小匙

蔥或新鮮香草　1小株

乾辣椒粉　1小匙（非必須）

做 法

1. 備料：魚排先用酒、蒜末醃 10 分鐘。蔥切細。若怕魚煎破，可在下鍋前撲些粉。

2. 熱鍋，倒 2 大匙油，油熱後，將比目魚以廚房紙巾壓乾再下鍋煎。不要去翻動鍋子，直到香氣飄散，撒些海鹽（份量可多些）、黑胡椒、綜合海鮮香料粉。

3. 以鍋鏟從邊邊翻起，查看底部是否呈金黃，若是，翻另一面煎。煎至金黃，再調味一次。撒上蔥末或香草、辣椒粉點綴。

鳳梨鹽麴炒五花

　　鳳梨與肉片的交會，是一道能擄獲人心，吃了會驚喜並不自覺發出讚嘆聲的料理。

　　這款肉片是日常料理的基本款，可夾在三明治裡，也可以做成肉卷，捲上各式喜愛的泡菜、起司、青蔥、玉米筍、四季豆、秋葵……等蔬菜，亦簡亦繁亦風華。

　　台灣的金鑽鳳梨真是世界之最，無論香氣、甜度和外型，都豔冠群芳。如果參加世界選美，肯定摘下后冠，讓其他的佳麗黯然失色含淚咬手帕。直接吃像甜點，用來入菜，又是另一番享受。和肉片、海鮮、沙拉、飲料、調酒都很合，是非常甜美又隨和的好水果。

　　鹽麴是最魔幻的法寶，能讓肉體變得柔軟，是我醃肉的第一主打星。如果你問我：「醬油和鹽麴同時掉到水裡，你會先救誰？」身為一個從小熱愛醬油的女子，這真是一個令人揪結的問題。然而我的答案是：「我可以捨棄醬油，但我不能沒有鹽麴。」

　　鹽麴由米、麴菌和鹽發酵而成，有助於軟化肉質並促進腸胃道健康，可取代鹽與醬油，有股近似於酒香的發酵香氣，我很喜愛。容我真心狂推……每個人家裡應該都要有，而且請買兩份，否則用完來不及補貨會很焦慮。我過去都在日系百貨買，後來發現台灣有很棒的鹽麴，就一試成主顧了。我大多買無思農莊 × 我愛你學田的鹽麴，品質和風味皆純粹美好。

　　鳳梨、鹽麴和香料將五花肉拉升至色香味俱足的美好。鳳梨的果酸活化了肉片的青春，卻不迷失自己，仍保有原生的個性和滋味。當然，鳳梨得切得厚實些，盛盤後再添些新鮮的才行。

材 料	肉 片 醃 料
五花肉片或梅花肉片　300g	鹽麴　1 大匙
金鑽鳳梨　1/2 個	醬油膏　1 小匙
洋蔥　1 個	大蒜　3–5 瓣，切末
紅黃椒　各 1/2 個	薑　3 片，切末
蔥　2 根	卡疆粉或黑胡椒　1 小匙
新鮮香草　隨意（可省略）	水果醋　1 大匙
	（也可直接用 Tree Top 100% 蘋果汁取代）
	酒　1 大匙
	香油、麻油或香草油　1 小匙
	片栗粉或太白粉　1 小匙

做 法

1. 備料：肉片若太長可先用剪刀剪半，用醃料抓醃後靜置 20 分鐘。洋蔥、紅黃椒切絲。蔥分切成蔥白和蔥綠兩堆、再切細。

2. 鳳梨用橫紋鐵鍋（一般的鍋子亦可）將兩面乾煎至呈焦糖色後挾起備用。

3. 平底不沾鍋倒 1 小匙油，放入五花肉片，以中小火煎至 8 分熟先挾起。原鍋續炒蔥白和洋蔥絲，洋蔥絲炒至透明後，續下紅黃椒，添 1/2 小匙鹽調味。倒入煎好的肉片、鳳梨合體拌勻，撒上蔥花即完成。

4

再忙也要跟你
喝一杯

夫妻能在飲食上有共同的喜好，
一起吃飯總能盡興，
也算婚姻裡的天作之合了。

兩人對坐，聽著爵士樂，端著酒杯說聲「親，親！」
（Chin Chin，西葡義大利「乾杯」發音），
然後拆解紅酒裡藏著什麼神祕風味，
是鑲嵌在生活裡的甜蜜儀式。
除了佐餐與放鬆，更是夫妻能夠好好聊天的 quality time，
我們聊孩子、談著現在和未來，
以及生命裡的那些微風往事。
當然，穿插些娛樂效果的練肖話也是一定要的。

香蔥燒肉卷

　　夏夜的內湖，很靜，只要青蛙和藍鵲不要太叫囂。樓上鄰居的沖水聲和走動的節奏，都清清楚楚。空氣中飄來遠處稻草餘燼的味道，很香，這是兒時的氣味，思緒牽引出小學放暑假回彰化老家，和堂哥、堂姊們騎著腳踏車追逐，在田裡抓青蛙玩耍，然後吃清冰淋糖水和果醬的無憂童年。

　　孩子們看完 DVD 都睡了，這樣很好，我可以更專注在手裡的美好。向火鍋店買了喜愛的培根豬肉片，以鹽麴、蒜末、薑末、酒、蜂蜜、卡疆粉、黑胡椒、麻油抓醃，半小時後自冰箱取出，包入比例相當的蔥白與蔥綠。心與神都專注在肉要捲得紮實漂亮，心物合一的歷程很令人愉悅。腦海裡浮現的是大叔、大寶和二寶隔天中午在家吹冷氣享用午餐的畫面，光是想都替他們感到幸福。此時，大叔從旁邊飄過，幽幽吐出：「這麼晚了你還在做肉卷，真是個孤獨的美食家。」我不怕孤獨，我比較怕心寒。

　　肉卷煎上色後，倒入醬油、酒和味醂煨入味。撕了一小塊肉試吃，不免讚嘆哎唷我的媽，這肉片的口感腴滑，裡頭的蔥真香，攝入了肉汁、醬汁與香料的魂魄。層層裹覆的肉卷鑲著汁，因為豐厚，口感比直截了當地炒肉片更加柔嫩。

　　半夜真不該做這個！我又捏了一卷來吃，內心激動地想叫醒大家：「不要睡了，快來趁熱吃！」

　　不用炭火烤，而用平底鍋或橫紋鍋煎，雖少了些豪邁與原野的氣息，然而卻是都市人家的方便之道。做成肉串，頗有居酒屋的風味，除了下飯也下酒，餐後沏壺茶解油和聊天，很適合招待客人。

材 料

培根豬火鍋肉片　500 克

青蔥　3 根

肉 片 醃 料

鹽麴　2 大匙

大蒜　3 瓣，切末

薑　3 片，切末

蜂蜜　1 大匙

料理酒　2 大匙

卡疆粉　1 大匙

黑胡椒　1 小匙

香麻油　1 小匙

肉 卷 醬 汁

醬油　2 大匙

料理酒　2 大匙

本味醂　2 大匙

做 法

1. 備料：以醃肉料抓醃肉片後，放入冰箱至少 20 分鐘。蔥先切成段，再粗切成絲，蔥的寬度要長於肉的寬度，比較好捲。取小碗調製肉卷醬汁。

2. 將肉鋪平，肉片尾端撒些麵粉或太白粉，抓入蔥白與蔥綠各 3–5 根，牢實嚴密地捲起。

3. 熱鍋，倒 1 小匙油，肉卷的接合處朝下，煎上色後翻面，煎至整體上色後即先挾起。肉不熟沒關係，因為還要去泡湯。

4. 原鍋倒入醬汁，放入肉卷，以小火燒至醬汁轉濃即完成。串成肉串後可撒上芝麻粒和柴魚碎添香綴飾。

小卷芋頭米粉湯

　　比起鯧魚米粉，我其實更愛小卷芋頭米粉湯。

　　小時候並不特別愛芋頭，到了中年，也許是母親喜愛，也許是味蕾也有生命週期的轉化，我也漸漸愛上。

　　尤其是聽到身材姣好的同學說「吃芋頭會ㄅㄨㄞ ㄅㄨㄞ」，內心就默默給芋頭貼上愛心的標籤，大腦也莫名被制約，一見到芋頭，腦波就頻頻發送「好想吃、好想吃」的訊息。

　　砂鍋裡的小卷鮮、芋頭綿、蛋酥香、肉絲蝦米鮮又甜。鍋底用紅蔥頭爆得深邃，最後撒上的胡椒粉香噴噴。

　　大叔也愛這一味，凡是芋頭製品，我們總能一碗接一碗地吃。夫妻能夠在吃食上有共同的喜好，一起吃飯總能盡興，也算婚姻裡的天作之合了。

材 料	肉 絲 醃 料
腰內肉　300g	鹽麴　1 大匙
小卷　8-10 隻	醬油膏　1 小匙
米粉　1 包	本味醂　2 大匙
蝦米　2 大匙	酒　2 大匙
香菇　5 朵	黑胡椒　1 小匙
芋頭　1 顆	麻油　1 小匙
胡蘿蔔　1/2 根	太白粉　1 大匙
紅蔥頭　8 瓣	
芹菜　2 根	
雞蛋　2 顆	
白胡椒粉　1 小匙	
烏醋　2 大匙	

做 法

1. 備料：腰內肉切成絲，先以醃料醃過。小卷洗淨，瀝乾。米粉泡溫水至軟。蝦米略沖洗後泡溫水。香菇泡溫水至軟，搓洗皺褶裡的髒污。芋頭切塊。胡蘿蔔切絲。紅蔥頭切末。芹菜切細。雞蛋打成蛋液。

2. 鍋中燒熱 2 大匙油，將蛋液倒入有細洞的湯勺，流瀉到油鍋裡，聞見蛋香味即可撈出。

3. 原鍋繼續爆香紅蔥末，依序炒蝦米、香菇和胡蘿蔔絲、芋頭塊和肉絲，添半鍋水，水燒開後放入泡軟的米粉。米粉煮軟後，添加鹽、烏醋、胡椒粉調味，最後放入蛋酥和小卷，小卷轉白後淋幾滴麻油，撒上芹菜珠和碎葉即完成。

味噌燒雞腿

味噌乃冰箱必備之物，除了煮湯，也可用來燒肉、拌蔬菜。這款味噌燒雞腿，有酒香和醬香。一口咬下，迎來的是酒香，那是一種被療癒的幸福感（也許這只是酒鬼限定）。再來是味噌、果醋與薑蒜融合的鹹香，讓人忍不住要去倒杯啤酒或清酒。一位很懂吃，經常在辦公室揪團購的同事抓了一塊肉入口，眉眼皺縮喊了聲「厚喔～你真的很會欸！」他的反應讓我覺得這道菜絕對要為了他的喝采而存在這裡。

雞腿切除多餘的皮與油，將肉體較肥厚的部位先劃開，除了醃料容易沁入、肉質軟嫩外，受熱也較均勻。若能讓皮不要碰到醃料更好，因為沾惹到醬料的皮容易焦，下鍋前要記得先抹掉或用廚房紙巾擦乾。入鍋後得緊盯著，專注為上，皮成焦糖色得趕快翻面，必要時添 1 小匙開水，才不致焦黑。

可以買些漂亮的叉子串上彩椒、香菇、筊白筍、小番茄或鳳梨，一串串的模樣很討喜。盛盤後撒些蔥花或香草，無論風味和賣相都像居酒屋料理。要再奢華點，可加上明太子醬，再綴些蔥花或薄荷葉，切成小塊一口咬下，鮮香腴華讓人忍不住瞇著眼享受，因為那是山與海、天與地的美好結合。

材 料

去骨雞腿排　2 支約 400g

蔥　2 根，切成蔥花

薑　2 片，切末

大蒜　3 瓣，切末

味噌醬　1 大匙

鰹魚醬油　1 大匙

本味酥或果醋　1 大匙

酒　1 大匙

麻油　3 滴

做 法

1. 醃肉醬汁：取一只小碗，將味噌、鰹魚醬油、本味酥或果醋、酒、薑末和蒜末、麻油全數拌勻。

2. 去骨雞腿先以刀在肥厚部位多劃幾刀（力道不要太猛，可別切斷了）。將醬汁均勻抹在雞腿肉上。

3. 熱鍋，倒 1 小匙油，雞皮擦乾朝下入鍋，雞皮轉色即翻面煎。倒入剩餘的醃肉醬汁，若鍋子太乾，添少許開水，煎熟即盛起。

4. 以料理剪刀剪成適口大小，撒上蔥花，亦可撒些烘過的芝麻粒添香增色。

若想澎湃點加上明太子醬，可參考以下做法：

明太子 1 條去膜，挖 1 大匙美乃滋（或是用料理秤，明太子：美乃滋 =1:1）、擠檸檬汁 1 小匙，怕酸可加 1 小匙蜂蜜，全數調勻後，用小湯匙抹在雞皮上，再疊上切細的蔥花或檸檬薄荷葉裝飾即完成。

松露起司炒蛋

松露又名餐桌上的鑽石，有人說它有瓦斯味，然而它怎麼被定義我都不在意，我就是愛它的獨特氣味。比起單一強烈的松露片，5–8％的松露醬更經濟討喜，消弭了烈度，轉而溫柔可親。

柔嫩的松露起司炒蛋，搭襯牛肉和紅酒，或是鋪在明太子法國麵包上，都很享受。有什麼煩心的事，都沒空理它，此時只想靜心享受。

材 料

雞蛋　4 顆
牛奶或鮮奶油　1 大匙
奶油　1 塊（100g 包裝切 1 公分厚小塊）
帕馬森起司　1 小塊
起司片　1–2 片
羅勒葉　4 片
薄荷　兩小株
乾燥洋香菜碎葉　少許

調 味 料

鹽　1/2 小匙
醬油　1 小匙（非必須）
松露醬　2 大匙
現磨黑胡椒粒　1 小匙

做 法

1. 備料：蛋加入鮮奶油或鮮奶，再加鹽或醬油（非必須，純屬個人喜好），打成蛋液備用。
2. 熱鍋，添 1 小匙油和 1 小塊奶油，倒入蛋液，以中小火用木匙快速攪拌蛋液，刨入帕馬森起司、鋪上起司片，蛋半熟即可關火，餘溫仍會將蛋熟化。拌入 1–2 大匙松露醬至喜愛的熟度，磨上黑胡椒調味，撒上羅勒葉、薄荷或乾燥的香草碎葉即完成。

伯爵茶漬蛋

　　從大學開始跟著朋友品茶，一直鍾情於伯爵茶和薰衣草茶。近來尤其特別愛唐寧的仕女伯爵茶，濃郁的檸檬與柑橘精油香氣，讓人感到清心定神。我喜歡買罐裝的，只為了能夠見到矢車菊的藍色小花，它的藍，藍如寶石，華麗中帶著神秘，令人想一探究竟。

　　小時候喜歡吃滷蛋，長大後吃過鑲著膏的溏心蛋後，就鐵了心不想回去了。柔嫩的蛋漬在伯爵茶湯裡，多了些優雅風情，讓人無論在視覺、嗅覺和味覺，都被滿足得很徹底。不用茶漬，用醬油、本味醂、高湯、鹽和月桂葉做成的醬汁浸漬也非常好吃。

材料

雞蛋　8 顆

仕女伯爵茶葉　1 又 1/2 **大匙**（或 1 **包伯爵茶包**）

熱水　200ml

醬油　60 ml

本味醂　60 ml

卡疆粉　1 **小匙**（**可用其他綜合香料或八角、月桂葉、花椒等替代**）

鹽　1/2 **小匙**

做法

1. 泡茶：茶葉或茶包用熱水略沖後倒掉（預防農藥和雜質），再注入 200 ml 開水中，泡 20 分鐘。

2. 茶湯滷汁：泡好的伯爵茶加上醬油和本味醂倒入鍋中，煮開後加入卡疆粉、鹽。試下味道是否是自己喜愛的，有高湯也可加入，風味會更鮮美。

3. 水煮蛋：蛋退冰至室溫，放入鍋中，注水，水要能淹過蛋，添 1 大匙鹽（分量外），煮至水滾後關火，蓋鍋悶 2 分鐘。用濾勺撈出雞蛋，轉進冰塊或冷水裡，溫度稍降後先將殼敲碎再繼續泡，泡至降溫再剝殼。

4. 準備一個夾鏈袋，將白煮蛋放入冷卻的茶湯中浸泡，半小時後讓蛋翻滾一下，以利均勻上色。放入冰箱冷藏半小時便可食用，若能放上半天，香氣、色澤與味道更美更豐厚。

桂花酒釀乾燒白蝦

如果你愛喝酒也愛吃海鮮，愛吃點辣口味又剛好偏重鹹，那麼這道菜一定要會。

當大叔還是青春少年郎時，就非常愛吃酒釀乾燒蝦，他愛這道菜的時間比愛我還要久。這道菜能經年累月依然受寵，主要的關鍵是醬汁實在太迷人，迷人到我若沒下把冬粉把醬汁吃乾抹淨就會捶心肝。因此，這食譜一定要添一筆給冬粉。

做法簡單並不繁複，只要把蝦爆得香噴噴，沿著鍋邊嗆陳年紹興酒，再炒香辣豆瓣、番茄醬、李派林烏斯特醬和糖，最後再加兩大匙桂花酒釀。酸甜醬汁裹著蝦，紅豔豔喜氣洋洋的，看了真討喜。我最愛襯底的冬粉，吸飽了醬汁精華，讓人忍不住一直挾，邊吃邊覺得後悔……為什麼我不多下一把冬粉？！

若不想剝蝦殼把手弄得黏乎乎的，也可以用蝦仁製作，只是蝦仁得先用酒、胡椒粉、醬油膏、太白粉和麻油抓醃一會才好吃。除了冬粉，也可下把白麵沾醬吃。不吃澱粉怎麼辦呢？那就喝杯酒吧！

材 料	調 味 料
白蝦　300g	桂花酒釀　2 大匙
冬粉　1–2 把	辣豆瓣醬　1 大匙
薑　3 片	醬油膏　1 大匙
大蒜　5 瓣	番茄醬　3 大匙
蔥　1 根	水果醋或
辣椒　1/2 根，切末（非必須）	李派林烏斯特醬　1 大匙（非必須）
陳年紹興酒　3 大匙	糖　1 小匙
香油或麻油　3 滴	

做 法

1. 備料：蝦子剪去長鬚和蝦頭的口部與尖刺（大叔會整隻蝦放到嘴裡嚼，剪下尖銳部位較安全也較乾淨），用剪刀開背，挑除腸泥，洗淨瀝乾。冬粉放在碗中，以溫水泡軟，用剪刀剪開，較不會黏成一坨。薑和蒜切末，蔥切成蔥花。

2. 準備一只碗調醬汁，將酒釀、辣豆瓣醬、醬油膏、番茄醬、李派林烏斯特醬和糖等調味料拌勻。

3. 熱油鍋，爆香薑末、蒜末與辣椒末，將蝦抓入鍋中，蝦殼香氣發散後，沿鍋邊嗆入陳年紹興酒，將碗裡調好的醬汁倒入，炒至蝦全熟先盛起。

4. 放入泡軟的冬粉，吸取蝦子與醬汁融合的精華。

5. 蝦入鍋合體，大火燒至醬汁轉濃，點 2–3 滴麻油。盛盤後撒上蔥花或九層塔即完成。

芋泥肉丸子

我和大叔都熱愛芋頭，有次在餐廳吃到芋泥貢丸，真是愛極了，心想回家我要乖乖自己做，然後盡情大吃。我很喜愛各種口味的肉丸子，然而這芋泥肉丸子一登場，旋即以黑馬之姿躍升肉丸界的榜首。當然，這只是我個人的排名，酒鬼大叔還是最鍾情紅酒起司牛肉丸，這芋泥肉丸只排第二。

我喜歡大甲芋頭的鬆綿，在超市買了真空包，省了削皮時咬手的困擾。切成小塊後，一定要先用油和紅蔥末煎過，這是香氣迷人之所在，可不能偷懶。我曾跳過油煎，成品就沒那麼香。也可以買市售的鵝油油蔥酥來炒芋頭，非常便利，用途也廣。芋頭炊熟後搗成泥，搓成彈珠大的圓球，怕黏手的話，可準備一碗冷開水沾一下。捏好芋泥球，我把自己的手舔乾淨，像隻貓一樣。

做肉丸子的絞肉要買細絞或中絞，然而越細小的肉越容易腐壞，買了最好趕緊做，這是我的小叮嚀。肉餡的調味是基礎的鹽麴洋蔥口味。取一球肉餡壓平，包入一小球芋泥，再塑形成肉丸。這樣的重複性，需要專注與靜心，阻絕了心中的雜質與塵埃，這也是手做的迷人之處。

用章魚燒鍋煎肉丸子可以煎得很完美，毋須油炸，僅用一匙油就能煎出美麗的丸形，而且，還生出了許多油脂。有臉友回家試做後回應我「用這模子煎肉丸真是本世紀最棒的點子。……我以後一定會常做。竟然這樣用此鍋（拍大腿）！」

除了章魚燒和肉丸子，我也拿來做過海鮮蛋燒、高湯蛋燒、玉米起司蛋燒，盛盤後再撒些柴魚碎，形與味皆美。然後內心忍不住對章魚燒鍋告白：「謝謝你為我製作了這麼多料理，我愛你。」

這芋泥肉丸真是涮嘴，煎了一大盤共 33 顆，要不是我喝止大叔留下活口，應該全數都被他殲滅，大寶和二寶沒得帶便當。還說什麼這肉丸只排第二名，哼！

肉 丸 材 料	芋 泥 餡
豬絞肉　450g	大甲芋頭　半個（或超市真空包裝一盒）
小顆洋蔥　1顆，切丁	紅蔥頭　5瓣，切末（或市售油蔥酥2大匙）
大蒜　5瓣，切末	鹽　1/2小匙
鹽麴　2大匙	糖　1小匙
黑胡椒　1/2小匙	白胡椒粉　少許
黑糖　1大匙	
酒　1大匙	
麻油　1小匙	
雞蛋　1顆	
太白粉或片栗粉　1大匙	

做 法

1. 芋泥：芋頭切小丁，熱油鍋，爆香紅蔥末後，倒入芋頭丁，再將表面煎上褐色。加1小碗水或高湯，撒鹽、糖和白胡椒粉，放入電鍋蒸。蒸熟後趁熱搗成泥，稍微放涼後再捏成比彈珠大些的球體。

2. 肉丸材料全數放入料理盆中，攪拌捏勻，用手甩出空氣至有些粘膩手感（可放入冰箱冷藏半小時再取出，會更紮實）。

3. 取1大匙絞肉鋪在手心，再取1小球芋泥置中後包裹起，左右手拋接定型成丸狀。

4. 熱章魚燒鍋，倒1大匙油，用刷子在每個洞裡抹少許油。放入肉丸子，以中小火慢煎，煎好一面後，以兩支小湯匙翻動，將另一面也煎上色。丸子出油噗噗且香氣飄散就差不多熟成了，切開1顆查看內裡是否熟透，若熟了便可盛盤。（若無章魚燒鍋，可用中式炒鍋，倒2大匙油，將肉丸子以半煎炸方式分批煎熟。）

 p.s
鹽麴易焦，火可千萬不要太大。
若懶得捏肉丸，可將絞肉和芋頭丁合體後，放入電鍋蒸成肉餅也很好吃。

蛤蜊絲瓜

夏天是絲瓜的季節，價格廉宜又清甜多汁。搭配鮮美壯碩的文蛤，清爽開胃又消暑，冷了也好吃，一不小心就扒完一碗飯。

我喜歡將蛤蜊和絲瓜分開處理，因為我曾遇到一顆壞掉的蛤蜊毀了整鍋湯。後來，便對牠一直懷有戒心，只要是蛤蜊料理，我絕不讓牠一開始就侵門踏戶跨進來，必得先用薑絲和酒燒至開殼後取出，確認湯汁清新再運用。

蛤蜊燙好後，得浸泡在少許高湯中，肉才不會縮水。絲瓜先過蒜油後，以指尖捏些鹽撒入，倒入少許蛤蜊汁，旋即蓋鍋以小火慢烹。定睛瞄著鍋內，絲瓜轉成鮮綠就試吃並調整味道，像翡翠一般美的蛤蜊絲瓜就可以上菜了。

下把麵線，加包雪白菇，做成蛤蜊絲瓜煨麵，上桌前點 2 滴麻油、撒少許胡椒粉，就是清爽的一餐。

材 料

文蛤　約 12–16 顆

絲瓜　1 條

薑　2 片，切絲

大蒜　2 瓣，切末

蔥　1 根，切成蔥花

酒　1 大匙

胡椒粉　少許

麻油　2 滴

做 法

1. 備料：海鹽加入溫水先調勻，將蛤蜊放入溫水中，置於陰涼處（溫水可讓牠們甦醒，陰暗處可讓牠們趕緊吐沙）。水量蓋過蛤蜊，2 小時後洗淨備用。絲瓜削皮剖半，切成約 0.7 公分厚半圓形片狀。

2. 在湯鍋中倒 1 小碗水，加入酒、薑絲，煮滾後放入蛤蜊，開殼後挾起，取出蛤蜊肉，加少許湯浸泡才不會縮水。蛤蜊湯汁過濾備用。

3. 熱油鍋，以中小火炒香蒜末，倒入絲瓜略炒，再倒入濾過的蛤蜊清湯，蓋鍋以小火燜煮，絲瓜轉綠時，將蛤蜊肉倒回鍋內，試下味道看是否需要添鹽（若不夠鹹可添 1 小匙鹽麴）。

4. 撒上胡椒粉、蔥花，滴 2 滴麻油即完成。

麻辣溫泉牛肉片

有時，就是很想做自己，任性地想吃點辣，沒人愛吃也沒關係，我願意享受孤獨，把花椒當知己。

我很愛四川的大紅袍花椒，荔枝皮的色澤，帶著柑橘香，麻而不辣。用來燒蛋、燉肉或煲湯，總會令人食慾噴發。在迪化街中藥行買到香噴噴的花椒，回家放進冷凍庫後，有一種可以安心過日子的感受。

然而，隨著年歲增長，日子以 2 倍速在前進。漸漸地，我妥協了，以便利的麻辣醬來料理，試過 kiki 和詹醬兩個品牌都不錯。

第一次用食物悶燒罐做溫泉蛋不小心成功的那天和往後好幾天，我都為了這件事感到開心。只需熱水和簡單的醬汁就能完成的美味，讓我有種在特賣會挖到寶物的雀躍。

肉片先用鹽麴、黑胡椒、麻油和太白粉抓醃過。熱鍋爆香蔥、蒜後，先炒肉片至九分熟後挾起備用。原鍋添水，續炒洋蔥和彩椒絲至熟軟，再倒肉片回鍋合體拌勻。盛盤後在中間挖個洞，打入溫泉蛋，撒上捏碎的柴魚和七味粉，添些蔥花和辣椒末即完成。

牛肉片與花椒彼此獨立卻能同行，溫泉蛋柔滑細嫩，勻和了花椒的濃烈，肉片因此更溫柔了。

材　料	肉 片 醃 料
牛肉片　300g（豬肉片亦可）	鹽麴　1大匙
雞蛋　1個	酒　1大匙
大蒜　3瓣，切末	黑胡椒　少許
蔥　1根，白綠分開，切成蔥花	太白粉　1小匙
麻辣醬或花椒粒　1大匙	麻油　1小匙
醬油　1大匙	
陳年紹興酒　1大匙	
本味醂　1大匙	
冰糖　1大匙	
洋蔥　1/2個，切絲	
紅椒與黃椒　各1/2個，切絲	
黑胡椒　1小匙	
柴魚碎　1大匙	
辣椒　1根（非必須），切末	
乾辣椒粉或七味粉　1小匙（非必須）	

做 法

1. 醃肉：牛肉片以醃料抓醃。

2. 溫泉蛋：雞蛋退冰至室溫。食物悶燒罐注入 1/3 的熱水先燙杯，熱水倒掉後，輕輕放入雞蛋，再注入熱水淹過表面，拴緊蓋子浸泡 30 分鐘。或是煮一鍋水，水開後關火，放入室溫的蛋，悶 20 分鐘。

3. 熱油鍋，爆香蒜末和蔥白，以長筷挾肉片入鍋。添麻辣醬，沿鍋邊嗆醬油、酒、本味醂、糖，肉片轉熟即先盛起。

4. 原鍋放入洋蔥絲，添 1 大匙水，炒至透明後，放入彩椒絲，拌炒至熟軟。磨些黑胡椒和少許鹽，將炒好的肉片倒回鍋中拌勻，盛盤後中間挖個洞，打入溫泉蛋，撒上蔥花和柴魚碎即完成。喜歡辣的朋友可撒上辣椒末和七味粉。

p.s 溫泉蛋亦可淋上醬汁單獨享用。醬汁：鰹魚醬油、本味醂、柴魚碎各 1 大匙調勻即可。

豆豉炒四季豆肉末

　　川菜餐廳有道菜叫「飯掃光」，顧名思義就是好吃到連飯都會扒光。貌似蒼蠅頭，實則以四季豆丁取代韭菜花，在開會或上課時不小心打了個嗝，口氣會比較清新不害羞。

　　四季豆丁用熱油煸過，吸附了肉汁的潤與蝦米的鮮。豆豉雖帶著腳臭味，然而就是那股醬香氣息，入了菜，不管是絞肉、豆干還是蚵仔，都好下飯。

　　我很愛花椒迷人的柑橘香氣，會特地到迪化街的中藥行，只為了買到品質香美的大紅袍花椒。若懶得煸花椒，用帶著花椒香氣的麻辣醬替代也行。陳年紹興酒和醬油沿著鍋邊嗆出鑊氣，黑糖化開了厚重的鹹，延展出迷人的焦糖香，不只是菜掃光，飯也絕對會掃光。

材 料	調 味 料
四季豆　1 把約 250 克	鹽　1/2 小匙
絞肉　250 克	黑豆豉　1 大匙
蝦米　2 大匙	花椒或麻辣醬　1 大匙
大蒜　4 瓣	陳年紹興酒　2 大匙
蔥　1 根	醬油　1 大匙
辣椒　1/2 根（不嗜辣者可省略）	黑糖　1 大匙
	胡椒粉　少許

做 法

1. 備料：四季豆洗淨，捏去頭尾撕除纖維後切丁。黑豆豉用熱水浸泡釋放味道。大蒜切末備用。蔥白綠分開，切成蔥花。辣椒切細。

2. 熱鍋，倒 1 大匙油煸花椒與四季豆丁，直至四季豆豆丁轉翠綠，添鹽炒勻後盛起。

3. 原鍋添些油爆香蒜末、蔥白和蝦米，倒入絞肉，炒出肉末香。加入黑豆豉（沒有花椒者，則在此時加入麻辣醬），沿著鍋邊嗆入醬油和陳紹，再加黑糖。

4. 將四季豆丁倒回鍋中翻炒勻和，轉大火收汁，盛盤後撒些胡椒粉、蔥花與辣椒末綴飾即完成。

明太子玉子燒

有次公司同樂會，我做了 30 人份的明太子玉子燒。買了人道飼養的雞蛋，懶得熬高湯，直接在蛋汁裡調了鰹魚醬油和柴魚碎末。味醂用完了，改用鳳梨果醋，沒想到效果意外的好，有天然的果香和甜味，內心的小宇宙覺得很驚喜。

少了高湯，並不覺得遺憾，蛋香味反而更立體了，像蛋糕一樣。沒有明太子也沒關係，這樣也夠好吃了。很多事到了廚房，終究會圓滿。有玉子燒鍋也好，沒有也罷，圓鍋方鍋都可以，只是方形的玉子燒鍋更好操作便是，蛋體會煎得漂亮些。我喜歡表面煎得有些虎皮紋路，因為實在太美了，但這只是我的追求，大家可以不用這樣。

自製明太子醬其實非常簡單而且真材實料，市售的現成醬料添加太多美乃滋或調味料，寧可不吃，也不要吃進太多的化學合成物質。切得細細的翠綠蔥花配上明太子醬，真是鮮香腴華，若有檸檬薄荷葉那更就更美輪美奐了。檸檬香氣解了膩，嚼著非常清新，口香糖都可以丟了。

剩下的明太子醬可以做義大利麵或烏龍麵，也可以做居酒屋風味的明太子烤馬鈴薯或是包在飯裡做成烤飯糰，外面包覆一大片香酥的海苔，都是會令人幸福的味道。

那些平常看起來酷酷的同事，吃了一口就講評「厚～好好吃喔，我可以再吃一個嗎？」、「歐喔～好 Rich 喔～～」、「認識你真好，可以吃到這樣的美味！」、「海味好濃喔，跟外面賣的完全不一樣」……果然是電視圈的，情緒表達直白又奔放，大家都可以去主持美食節目了。

材 料	明 太 子 美 乃 滋
雞蛋　6 顆	新鮮明太子　1 條
（用 15 公分寬的玉子燒鍋可做 2 卷）	美乃滋　1 大匙
鰹魚醬油　2 大匙	檸檬　1/2 顆，榨汁備用
柴魚碎　2 小匙	
鳳梨果醋或味醂　2 大匙	
薄荷葉　10 小片（非必須）	
蔥　1 枝，切成蔥花	

做 法

1. 將明太子美乃滋材料全數調勻後（明太子：美乃滋 =1:1），先放冰箱冷藏備用。若覺得酸可添些蜂蜜或糖。

2. 取 2 個碗，每個碗各打 3 顆蛋、鰹魚醬油和鳳梨醋各 1 大匙、柴魚碎 1 小匙，打成蛋液。

3. 倒 1 小匙油進鍋中，以廚房紙巾抹勻四周。鍋燒熱後，用大湯勺舀 1 大勺蛋液入鍋，刺破隆起的泡泡。加一大匙明太子醬在中間，以長筷和矽膠鏟合力捲起。再倒第二層蛋液，讓蛋汁流到第一卷的下方，彼此融合後再輕輕捲起（若會黏鍋，就再抹些油），用鏟子推到鍋邊壓得方正紮實。

4. 反覆操作捲 3 層左右，就成了坊間厚嘟嘟的玉子燒樣貌了。以小刀切分成喜愛大小，再挖 1 小匙明太子醬置於其上，撒上蔥花或檸檬薄荷葉即完成。

鐵鍋炒菇菇

　　小鐵鍋是最環保的鍋具了，好好保養上油可以用一輩子。自從發現它好用又平價後，就將之視如珍寶，轉頭開始嫌棄有使用年限的平底不沾鍋了！用來烘蛋、煎肉排和干貝，或煎或烤兩適宜。

　　有次爐子上燒著鐵鍋，我一時忘記，悠哉地在洗菜備料，直到聞見乾燒味才猛醒覺，急忙將雪白菇和鴻禧菇放入。菇菇入鍋後涮地一聲，水分很快就燒乾了，用長筷稍微翻動，底部已轉焦黃。趕緊倒 1 小匙油，撒上滿滿蒜末炒香，再添上闊氣的鹽、磨上澎湃的黑胡椒，炒幾下就完成了。

　　捏了一口來吃，不禁讚嘆了一聲「哎喲喂呀，怎麼這麼好吃！」鹹香的重口味非常迷人，蕈菇與黑胡椒的香氣融合又盈滿，尤其是雪白菇，口感爽脆實在太優秀。若有松露醬，再添上一大湯匙更加銷魂。

　　從那刻起，我就中了蕈菇之毒，每個星期都要吃一次解毒，連續好幾個星期都不能停止。

　　對於這樣生活中的小發現總特別歡喜，像是遇見了一個彼此契合的新朋友，那是一份生命的禮物。

材 料

鴻喜菇　1 包

雪白菇　1 包

其他喜愛的菇類　**隨意**

大蒜　**約 8 瓣**

鹽　**1 小匙**

黑胡椒　**1/2 小匙**

松露醬　**1 大匙**

乾辣椒末　（**非必須**）

做 法

1. 備料：菇菇不用洗，切去根部髒醜的部分。大蒜切末。

2. 鐵鍋燒得火熱，放入喜愛的綜合菇類，乾鍋炒至收乾水分，直至顏色轉金黃，倒 1 小匙油或奶油，將蒜末和辣椒末炒香，撒 1 小匙的鹽（分量可重些），磨上一層澎湃的黑胡椒，添松露醬拌勻即完成。

許願麻辣燙

　　天涼或心寒時，很適合煮鍋麻辣燙，喜愛什麼就丟什麼，就像許願池一樣。最後加一包拉麵和雞蛋，真是令人心滿意足。如果願望都能以烹煮的形式實現就好了，身心都安頓了，人生哪有什麼煩惱呢？

　　麻辣醬與孜然是美味的關鍵，少了這兩味，就沒了靈魂，了無生趣。這鍋底即便做成素食也很美味，母親過世時，我用這鍋底張羅了各式各樣的 12 碗菜，除了祭拜，也是兒孫們的晚餐，家人吃了說：「你可以改行賣滷味。」

　　葷食的湯頭又更鮮美豐富了。我會另外再加上干貝 XO 醬，讓鍋底更鮮活。將肉片先用鹽麴、黑胡椒、酒和太白粉醃過，專注地用長筷涮肉，初熟之際，吹吹便挾入嘴裡。麻與辣與痛在舌尖和胸臆之間迴旋，這時什麼委屈或悲傷都不重要了，趕緊吃就對了。

材 料		肉 片 醃 料	
豬或牛五花火鍋肉片	500g	鹽麴	2 大匙
洋蔥	1 顆	蒜末	2 大匙
豆皮	2 大片	薑末	2 片
白蘿蔔	小的 1/2 根	酒	2 大匙
四季豆	1 把	麻油	1 小匙
五香豆干	1 包	太白粉	2 小匙

鍋 底

青蔥	2 支	醬油	50 ml
薑片	3 片	蠔油（素蠔油亦可）	1 大匙
大蒜	5 瓣	陳年紹興酒或高粱酒	50 ml
辣椒	1 根	糖或本味酥	3 大匙
滷包	1 包	小茴香（或孜然粉）	1 大匙
花椒粒	1 大匙	麻辣醬（微辣）	1 大匙
蝦米	1 大匙	鹽	1 小匙
		水	2 大碗

做 法

1. 備料：醃肉片。豆干先以叉子戳洞，亦可切分成小塊，利於燒煮入味。大片豆皮切成四塊。白蘿蔔切塊。四季豆洗淨後捏除頭尾蒂結，並撕去兩側纖維備用。蔥切段。薑切 3 片。大蒜去膜。洋蔥切絲。

2. 熱油鍋，放入花椒粒，煸至起泡即關火，取出花椒。原鍋續煸薑片、蔥白、蒜末和辣椒，倒半鍋水，放入滷包，添醬油、蠔油、酒、糖、小茴香和麻辣醬。

3. 再將洋蔥、白蘿蔔、豆乾、豆皮全數下鍋，湯汁燒滾後，轉小火蓋鍋悶煮 20 分鐘。

4. 燉煮至蘿蔔熟軟入味，再放入四季豆，試吃味道再進行第二次調味，我則是又添了些鹽和孜然粉。

5. 最後將舞台中央空出，用長筷將肉片快速涮熟，挾起並關火。眾人聚攏用餐時，再將肉片放回鍋中，撒些香菜或蔥花綴飾。

豆苗蝦仁

大叔愛吃豆苗蝦仁，這是我在婚前就發現的。每次到餐廳吃飯，只要有豆苗蝦仁，他絕不會錯過。

也許是吃太多海鮮和肉，他的潛意識覺得多吃點青菜，可以消弭業障，促進體內酸鹼平衡吧。然而有些餐廳的蝦仁口感太不真切，還是買鮮凍的帶殼蝦回家自己剝比較安心。

大豆苗買了得趁鮮嫩趕快吃，時間久了就老了，等不得。

蝦仁醃好後，很快就能上菜了。鮮嫩的大豆苗，莖管裡有蝦汁與酒香，非常美味，你會想去冰箱倒杯啤酒來配。

餘下的蝦頭可用油煎過，做一鍋味噌肉豆腐蝦頭湯。若覺得配料太少，可再丟入貢丸，打幾顆蛋，撒上蔥花，就是一道迷人湯品了，再下把麵，就可以是下班後的速成晚餐了。

材 料	蝦 仁 醃 料
大白蝦　300g	醬油膏　1 大匙
大豆苗　1 把	大蒜　2 瓣，切末
鹽　1/2 小匙	酒　1 大匙
	胡椒粉　少許
	麻油　2 滴
	太白粉　1 小湯匙

做 法

1. 備料：蝦子剝殼，剔除腸泥，沖淨瀝乾，以醃料抓醃 10 分鐘。
   大豆苗洗淨後切段，莖梗與嫩葉分開備用。
2. 熱油鍋，將蝦仁煎至八分熟，先盛起。
3. 原鍋添些水，先炒大豆苗前段粗梗，蓋鍋悶約 3 分鐘，待粗莖
   熟軟後，再倒入葉子拌炒至熟，添鹽，蝦仁倒回鍋中拌炒均勻，
   即可倒酒開飯。

菠菜乳酪蛋包

　　菠菜乳酪蛋包是和友人去居酒屋買醉的下酒小食。蛋包的邊緣收著摺邊，模樣精巧可愛。切開來後，裡頭是鮮嫩的菠菜，菜裡有細細的培根，和半熟蛋沾著蕃茄醬一起入口，好好吃啊！

　　隔天急呵呵的想做給大叔和孩子們吃，只是修改了配方，加了奶油和乳酪絲，做成奶香濃郁版。做好後試吃一口，覺得非常滿意，默默讚許自己加得真好！

　　這些食材的組合，過去都是做成蛋卷，然而做成蛋包更簡便快速，除了下飯也下酒。趕緊請大叔去倒酒，喊了聲：「孩子們，開飯了！」週末的夜裡，就是要這麼放縱。

　　蔬食者可刪除培根，就是一道迷人的蔬食蛋料理。裡面想加什麼料都可以，包在裡頭，像份禮物，這是屬於餐桌的微小浪漫。有位男同事看了 po 文後留言：「過幾天是結婚紀念日，我要早起做這道菜，作為老婆的結婚週年驚喜。」有了孩子還能有這樣的心思，他們的婚姻一定可以甜甜蜜直到老，請大家和我一起祝福他們。

材料

菠菜　1 小把，梗葉分開，切段

蛋　6 顆（每個蛋包使用 2 顆蛋）

培根　1 長條

焗烤乳酪絲　1 大把

（亦可用片狀起司 1–2 片）

奶油　1 小塊

大蒜　2–3 瓣，切末

調味料

鹽　1 小匙

黑胡椒　少許

番茄醬　2 大匙

乾燥香草碎　1 小匙

新鮮薄荷　1 小株

做法

1. 冷鍋加塊奶油和蒜末，慢慢爆香後，放入培根絲，略炒後再加入切成段的菠菜梗，添些水煮軟後，再炒菠菜葉。以鹽和黑胡椒調味，加入乳酪絲或起司片，待起司融化並勻和即先盛起。

2. 2 顆蛋打成蛋液。找出家裡最大的平底不沾鍋（約 30 公分），倒 1 大匙油，油熱後，倒入蛋液，轉中小火，挾入 1/3 菠菜（量少一些比較好操作）放到鍋子中心，蛋液邊緣成形便關火，才能做出柔嫩的蛋包。

3. 以餘溫將蛋皮往內翻摺，直至全部覆蓋完畢。盛盤，淋些番茄醬，撒上乾燥香草碎，別上薄荷葉裝飾就完成。步驟 2、3 重複 2 次，製作另兩個蛋包。

家庭料理的
華麗冒險

我愛各種香氣。
料理中的香，讓食物發光，誘人食慾。
新鮮香草的芳馨，是天與地的祝福。
異國香料的神祕符碼讓人著迷，彷彿進行了一場旅行。

在眾多醬料和瓶罐間轉身、穿梭和取用，
每一個動作都距離美好更近一步，
這是煮食者心裡的光。

多花一點點工夫或巧思，
平凡無奇的食材，就能華麗變身，並且儷人心魄。

萬人迷漢堡排

如果漢堡排是個人，他肯定是個萬人迷，容貌、香氣與美味兼具，一出場就令人歡呼。二寶曾帶漢堡排便當去學校，那天放學後跟我分享：「今天的漢堡排便當，我一打開，整間教室都是香味……我從蒸飯箱走回座位，一路上所有人都說好香。坐在我前面、後面、左邊、右邊的同學，全部都轉頭過來看我的便當。」這孩子生性浮誇，然而每次聽他描述午餐現場，還是覺得飄飄然。

牛與豬絞肉的混搭是我喜愛的組合。絞肉先醃過，甩至有些黏性，要捏成漢堡排或肉丸都隨心所欲，本質相同，色相差異而已。今天介紹的是吃一塊就會飽的漢堡排，以半煎炸方式將兩面煎至焦糖色，表層定型不鬆散後，再轉進醬汁裡煨煮入味。

牛與豬的膏脂香氣平衡，多吃一塊也不覺得膩。洋蔥在鍋裡滋滋地煎過後，釋放迷人香氣，我喜歡他口感裡的爽脆。麵包粉吸收了肉汁精華，讓漢堡排含汁且口感更為柔嫩。

單吃就很美味，包入起司丁或淋上醬汁更添層次華韻。醬汁可以是照燒柴魚、茄汁起司、蘋果咖哩或是最簡便的巴薩米克醋和蜂蜜的調和。不急著吃，先讓醬汁緩緩滲入內裡，讓他們從各自鮮明到合而為一。淋在蛋包飯上很是享受，靈魂彷彿都被拉升了。拿根大湯匙挖著吃，一下就吃光了。

一次可多煎些分裝冷凍，搭配不同醬汁，每天吃也不嫌膩。夾在吐司或漢堡裡，添些生菜、起司片和番茄，早午晚兼下午茶，都可以拿出來串場。邪惡一點還可以加片煙燻培根、1大匙花生醬或堅果醬，再沖杯咖啡或熱茶，創造美好的一天。

材 料

牛絞肉　300 克

豬絞肉　300 克

蛋　1 顆

洋蔥　1/2 個（小洋蔥 1 個），切丁

大蒜　5 瓣，切末

鹽麴　2 大匙

醬油膏　1 大匙

酒　1 大匙

糖　1 大匙

黑胡椒　少許

卡疆粉　1 大匙

奶油　1 塊（100g 包裝切 0.5 公分厚，非必須）或香草橄欖油 1 小匙

鮮奶　5 大匙

麵包粉　5 大匙（或 1/4 塊板豆腐，以廚房紙巾壓乾）

做 法

1. 醃肉：牛與豬絞肉、蛋液、洋蔥丁、蒜末、鹽麴、醬油膏、酒、糖、黑胡椒、卡疆粉、奶油拌勻。

2. 鮮奶與麵包粉先混合，再倒入絞肉裡拌勻。全數捏甩至有些黏性後，捏成大圓球（喜歡起司可包入），球體中央用大拇哥壓出一個小凹洞，受熱後較不會碎裂崩壞。

3. 熱油鍋，油的份量可多些，將漢堡排煎至兩面金黃定型，即可先盛起備用。

4. 選擇一個喜愛的醬汁口味，調好醬汁後，將漢堡排挾回鍋中，小火煨煮至熟，浸潤一下讓醬汁完美滲入再享用。

醬 汁 款 式

鹹甜下飯的照燒柴魚醬

酒、醬油、味醂各 2 大匙，黑
糖 1 小匙，柴魚碎 3 大匙，添
半碗水，醬汁煮開後挾入漢堡
排，煮至肉體中心熟透即可。

甜蜜蜜茄汁起司醬

醬油、酒、李派林烏斯特醬、
番茄醬各 2 大匙，2 片月桂葉
或香草碎或綜合香料，1 大匙
蜂蜜柚子醬，香香甜甜很受孩
子歡迎。

經典不敗咖哩醬

乾炒洋蔥至金黃，倒 1 大碗
水，加入 1 塊蘋果咖哩、1 塊
爪哇咖哩，咖哩化開後挾入漢
堡排煨煮至熟。

巴薩米克醋淋醬成人式的酸甜滋味

小碗中倒入巴薩米克醋和蜂蜜
各 1 大匙，均勻混合即完成。

香草烤羊排

羊排體味重，然而經過香料與香草的沐浴，就像噴了香水，沒那麼羶腥了。我通常以鹽麴、黑胡椒、孜然粉、卡疆粉、蒜末、香草橄欖油和香草先醃一個晚上，隔天用橫紋鍋大火燒烙出條紋，再入烤箱烤10分鐘（若是肉較厚，再拉長時間）。

鹽麴讓羊排的口感柔嫩，先煎再烤也毫不硬澀。我最愛啃連著骨頭的部位，帶著筋的口感很迷人。孜然香氣濃厚卻不喧賓奪主，反而更襯托出羊排的風采。

總覺得烤羊排的歸屬是粗獷豪邁、狂放不羈的，很適合露營野炊時燒烤。骨頭露出的部位先用鋁箔紙包住，就可以整根拿起來啃咬。迷人的孜然和碳燒氣息，別有一番以蒼穹為家的原野況味。吃飽飯，眾人可以圍著營火唱歌跳舞、喝酒作樂，或是講鬼故事，大家抱在一起尖叫。哎呀！我為什麼在這裡寫稿？我應該出去露營啃羊排的。

材 料

帶骨羊排　1000g

洋蔥　1 顆

新鮮香草　1 小把

羊 排 醃 料

大蒜　8 瓣，切末

鹽麴　3 大匙

黑胡椒　1 小匙

孜然粉或小茴香　1 大匙

卡疆粉　1 小匙

淋 醬

醬油　2 大匙

紅酒　2 大匙

李派林烏斯特醬　2 大匙

糖或蜂蜜　1 大匙

做 法

1. 醃肉：羊排先以醃料醃一個晚上。

2. 隔天料理前先取出退冰。燒熱橫紋鐵鍋，抹去羊排上的醃料，倒 1 小匙油，油熱後將羊排煎烙出條紋。

3. 烤箱設定 180 度，預熱 10 分鐘。烤盤先鋪洋蔥和新鮮香草襯底，再疊上羊排，烤 10 分鐘（若是肉較厚，再拉長時間），以溫度計測量中心點是否達 60 度以上。

4. 烤羊排的同時製作醬汁。煎羊排的橫紋鍋倒入醬油、紅酒、李派林烏斯特醬和糖，煮至湯汁轉濃，淋在羊排上即可享用。

p.s 迷迭香、百里香、薄荷葉、羅勒葉都很適合羊肉，也可以使用九層塔或香菜，隨喜好搭配數種不同香氣，每種 1 小株即可。

奶油松露雞腿排

松露的氣味濃烈，愛與不愛各有所屬，愛上便是至愛，不愛則是漠然。而偏偏我⋯⋯就是那至愛。餐廳只要有「松露」這關鍵字便要價不斐，總給人高傲難以親近之感。像我如此樽節用度、勤儉持家的婦女（好像不是這樣⋯⋯明明就腦波弱愛亂買），買罐義大利製的松露醬，聊慰我對它的愛是必要的。將這道菜納入日常，也只是剛好而已。

煎雞排得用深一點的平底鍋，至少要有 8 公分高，油才不會太放肆地把爐台噴濺得到處都是。下鍋前，雞皮得擦乾，添少許油，讓雞排煎得更快更美。

全程中火伺候，皮煎至金黃即翻面，翻面後略煎至熟即可。時間不宜過長才能青春不老並留住肉汁。煎得香脆金黃的雞皮，比起鹽酥雞攤也毫不遜色。更何況，我們還用了華美的松露醬呢！這份量若在餐廳吃，肯定要多花上 500 吧。每煮一次就覺得自己賺一次，煮越多賺越多，想到就會笑嘻嘻。

煎雞排煸出的香蒜油先倒出，留著煎笈白筍、蘆筍、玉米筍、花椰菜、彩椒等帶口感的蔬菜，會非常香潤可口。鍋子先不要洗，用廚房紙巾擦拭乾淨，再開火燒熱，炒盤黑胡椒綜合菇菇，那一餐就讓人幸福得欲仙欲死。

材料

去骨雞腿排　2 隻約 400g

奶油　1 塊（100g 包裝切 0.5 公分厚塊）

大蒜　4 瓣，切末

鹽　2 小匙

義式綜合香料　1 大匙

黑胡椒　1/2 小匙

松露醬　1 大匙

做法

1. 醃肉：雞腿洗淨擦乾，以鹽、義式香料、黑胡椒、幾滴橄欖油揉勻按摩，放冰箱冷藏 30 分鐘以上。

2. 取一個高於 8 公分以上的平底鍋，燒熱 1 小匙油，刮掉雞皮上的醃料並擦乾。雞皮朝下入鍋煎，以中火煎至雞皮轉成金黃。

3. 倒除鍋中多餘的油，用長筷挾著廚房紙巾稍微擦拭煎鍋內部。將雞排翻面，放入 1 小塊奶油，倒入蒜末，將肉煎熟即可。（時間很重要，肉體受熱的時間不要太長，才能煎出青春不老的雞排。）

4. 挖 1 大匙松露醬，均勻塗抹於雞身的皮肉內外。搭襯用高湯包汆燙過的椒鹽彩椒、蘆筍、玉米筍（做法請見 P129），盛盤後綴以新鮮香草即完成。

黯然銷魂烤叉燒

大叔有戀物癖，熱愛收藏老物和 DVD，家裡幾乎有整套周星馳電影的 DVD。身為一位前舞台劇演員，他時不時也會在日常裡嵌入電影對白，順便過過戲癮。比方看到大寶把擦過鼻涕的衛生紙亂丟在床底下，就會搖頭對他說：「你媽生你還不如生一塊叉燒。」是啊！有時孩子的行為很虐心的時候，真的覺得還不如一塊叉燒。

《食神》裡的叉燒飯令人嚮往，香港旅行吃到的叉燒令人銷魂。第一次做時，色澤不夠豔紅，二寶認不清，吃了一口便說：「這肉怎麼好像叉燒？」孩子，它真的是叉燒好嗎？只是我不想糾結於顏色逼死自己。

時間是魔法師，醃好的肉需等上三天最入味。真的等不及的話，答應我，至少忍一天好嗎？梅花肉厚，醃肉前，先用叉子刺刺刺，當你遭逢小人暗算的時候，此舉有修復心靈之功效。

醬汁則是靈魂。肉體先覆以薄鹽、五香粉、甘草粉、黑糖、白胡椒粉、蒜末、薑末和 1 小匙油等乾料按摩和勻。不要怕捏揉食材，那是與食物締結關係的第一類接觸。再取一小碗調勻紅麴豆腐乳、叉燒醬、醬油膏、陳年紹興酒、蜂蜜等醬料。在眾多醬料與瓶罐之間轉身、穿梭和取用，每一個動作都距離美好更近一步，這是煮食者心裡的光。

先以中溫烤，再高溫烤出朱紅與焦香，肉的內裡較為柔嫩且飽含肉汁。反覆刷醬翻烤堆疊出光滑油亮，很舒心悅目。既然要等上三天，不如就一次多做幾塊吧！

材 料	燒 肉 醬
梅花肉　600g	李錦記叉燒醬　1 大匙
大蒜　3 瓣，切末	紅麴豆腐乳　3 塊
薑　3 片，切末	蠔油或醬油膏　1 大匙
鹽　2 小匙	陳年紹興酒　3 大匙
白胡椒粉　1 小匙	蜂蜜　1 大匙
五香粉　1 小匙	
甘草粉　1 小匙	
黑糖　1 大匙	
橄欖油　1 小匙	
蔥　1 根，切末	

做 法

1. 取一小碗，用大湯匙將調製燒肉醬所需的調味料拌勻備用。

2. 梅花肉用叉子刺刺刺以利入味。兩面抹鹽、白胡椒粉、五香粉、甘草粉、黑糖、蒜末和薑末、橄欖油，全數按摩揉勻。倒入燒肉醬均勻抹在梅花肉上，放入密封袋或保鮮盒冷藏三天。

3. 烤箱預熱 10 分鐘，烤盤上面鋪上鋁箔紙或烘焙紙，將醃好的梅花肉鋪上。先以 180 度烤 10 分鐘，刷些醃料的醬汁，將溫度調高至 220 度，烤 5 分鐘，再翻面並刷上醬汁，再烤 5 分鐘即完成。

4. 噹的聲音響起，以溫度計探測肉的中心溫度是否高於攝氏 70 度，沒有溫度計就切一小塊試探內裡是否已熟。若然，再刷一層醬汁，讓叉燒呈現油亮光澤，稍微放涼後即可切片。烤出的肉汁與餘下的醬汁，可入平底鍋燒至濃稠後淋上，再撒上蔥花即完成。

慢燉干貝高麗菜

　　每次看到干貝，二寶眼珠都會發亮，湊過來問：「需要我來幫忙洗菜嗎？」我也熱愛干貝，無論是生食或乾貨，都是冰箱裡一定要恆常備著的品項。用來燉湯、燉菜或炊飯，抓一把就能成就一鍋的鮮。有去日本玩時不妨逛逛市場多買一些北海道干貝，除了特別豐美，價格也比台灣便宜許多。

　　迪化街也有賣北海道干貝，除了送給長輩會挑完整大顆的之外，我通常買碎裂的。畢竟我愛的是它的內涵風韻，而不是外在形色。除了價格較為親民外，不用特別泡就可以直接入鍋燉，相當適合懶人如我。

　　干貝燉高麗菜或白菜，是全家人都很喜愛的菜色。爆香蒜末和蝦米後，放入一整顆手撕高麗菜、胡蘿蔔絲和碎干貝。干貝帶著鮮與鹹，撒一咪咪的鹽即可。高麗菜添了鹽之後生出許多菜汁，上下翻動後，蔬菜原汁又汩汩而出。只需付出些時間，它會回報你海味與蔬菜交纏的美好，柔軟鮮香超級下飯。餐畢，一整顆高麗菜，竟所剩無多。

　　這樣的小火蒸煮法，不僅讓蔬菜保有原本的色澤與滋味，鹽的份量也可降低，是非常健康的烹調方式。這是《營養多、抗氧化、不挑鍋的小火蒸煮法》一書中所分享的撇步，我覺得非常受用，也分享給你們。除了高麗菜，白菜、娃娃菜和絲瓜等水分飽滿的蔬菜也都很適合，燉出的豐富原汁，甜美得會讓你大吃一驚，而且顏色非常鮮活美好。

　　若覺得碎干貝價格還是高，也可買市售的干貝 XO 醬，平淡的蔬菜或炒飯，只要一大匙干貝 XO 醬，就會讓人變成大食怪。

材 料

高麗菜　　小顆一個，大顆半個

胡蘿蔔　　1/2 根

碎干貝　　4 大匙

大蒜　　3 瓣

蔥　　1 根

鹽　　1/2 或 1 小匙

白胡椒粉　　1/2 小匙

做 法

1. 備料：高麗菜洗淨後撕成適口大小。胡蘿蔔切細絲。大蒜切末，青蔥切細。

2. 冷鍋倒 1 小匙油，開火，倒入蒜末與蔥白炒出香氣。接著依序炒胡蘿蔔絲和撕碎的高麗菜，倒入碎干貝，添 1/2 小匙鹽，拌勻後轉小火，蓋鍋悶煮。

3. 鍋中生出菜汁後，再翻炒一下，待蔬菜軟化到喜愛的口感，撒些白胡椒粉和蔥花，亦可淋些烏醋，有另一番風情。嗜辣者可撒些辣椒末或 1 大匙干貝 XO 醬，添色與香。

香料白帶魚卷

小時候不愛吃白帶魚，當時只覺得腥。隨著年紀漸長，味蕾也跟著變化。有次聽朋友提到白帶魚味噌豆腐湯超級好喝，腦波弱的我也跟著搶購。回家後，把白帶魚噗通丟入燉好的排骨蔬菜湯鍋裡，這誤打誤撞竟引出了一鍋的鮮，從此便愛上了。再有次吃到梅村月為我愛你學田的公益便當趴設計的「白帶魚肉卷」，真是美味極了，吃過之後念念不忘。原來，白帶魚一直很細緻鮮美，只是上錯了舞台。

　　這道菜很快速，只有取魚肉比較搞剛而已，你需要一把可以跟你好好相處的利刀。懶得自己下刀取肉的話，就直接買魚片吧！建議可直接上網採購現成的魚肉卷，新合發和許多網站都有賣，交給專業的來，我們就不用在砧板上和白帶魚拼搏得血肉模糊了。

　　白帶魚肉撒上一層薄鹽、卡疆粉或白胡椒粉、酒、麻油，稍微按摩勻和後，再撒些麵粉或太白粉捲起，盛裝在琺瑯盒裡。視魚卷的大小烤 8–10 分鐘，聞見魚的香氣就差不多了。

　　食用時，撒些卡疆粉，刨些檸檬皮屑，擠上檸檬汁，精油的香氣撲鼻，整個靈魂都提上來了。若有新鮮百里香，亦可點綴其上，疊上另一層的色與香。這是非常清爽的地中海風味，也是我夏天最常料理海鮮的方式。細緻飽滿又沒有刺的魚卷，配上一杯冰啤酒，啊～真是非常爽快！

材　料

白帶魚肉片　6–8 條

鹽　1–2 小匙

酒　1 大匙

白胡椒粉　少許

卡疆粉或綜合香料粉　1 小匙

麻油　3 滴

麵粉　1 小匙

百里香　1 小株

做 法

1. 一條白帶魚切成約 15 公分的長段，在距離側邊的 0.5 公分處下刀，感受到刀尖碰到魚刺即止住（千萬不要切斷），再直線往下滑到盡頭，另一側亦然，然後再橫切取肉。

2. 取下的魚片，以鹽、酒、白胡椒粉、卡疆粉或綜合香料粉、麻油抓醃，撒些薄麵粉後捲起。

3. 烤箱預熱，以 180 度烤約 8–10 分鐘，魚卷若較大，時間再拉長 2 分鐘。用牙籤刺入探測，牙籤沒有沾附就表示熟了。

4. 撒些卡疆粉，刨些檸檬皮屑，鋪上新鮮的百里香，吃的時候擠上檸檬汁。

p.s　白帶魚身上的閃亮銀白表皮含有高普林，有疑慮或痛風的朋友，可用蔬菜專用的菜瓜布刮除。

1 | 2
3 | 4

普羅旺斯番茄燉豬

同事推薦我看韓國綜藝節目《咖啡朋友》，裡頭有道「黑豬番茄燉菜」，每個客人吃了都讚不絕口。看了白鐘元師傅的做法，越看越竊喜，這就是普羅旺斯的風格呀，而且大多數的醬料和香料，本宮平日都是備著的。但我還是到家樂福採購了一罐「阿珠孃萬用調味醬」，心想這應該會更近韓國的風味吧。嚐了一口醬汁，甜甜鹹鹹辣辣，和咱們台式的辣豆瓣醬加糖挺接近。

燉肉是尋常人家最有可能超越餐廳的料理，也是這世上最能常相左右的菜式，因為，食材與時間，是屬於家常的。我滴水未加，僅用蔬菜本身的原汁，就能燉出一鍋紅豔豔充滿蔬菜精華液的肉品。

關於豬肉的選擇，節目用的是黑豬的後腿肉，但我更偏愛前腿或豬腱心，口感更柔嫩些。燉好後不急著吃，放到隔天甚至三天，會更加銷魂美味。時間會酬賞有耐心的人們，品嘗那沁人心脾與靈魂裡的味道。一次多燉一些，放到冷凍庫裡，想吃加熱便可，和水餃的功能一樣優秀。若要講究些，可買法國麵包或煮碗白飯、燙個青菜，就能身心飽足。

鍋裡餘下的醬汁，可做成普羅旺斯燉菜。炒些櫛瓜和茄子切片、甜椒絲，再回鍋裡稍微浸潤，就是一道普羅旺斯燉菜。不做燉菜的話，可在醬汁煮滾後，補些義大利麵番茄醬和 1 片撕碎的月桂葉，再用鍋鏟將挖出幾個洞，將蛋打入洞中，燉 1 分鐘，蓋鍋悶 3 分鐘，就是一道美味的燉蛋。以上種種，可謂一鍋三吃，能把醬汁的剩餘價值充分利用，會讓煮婦特別感恩，感恩天地豢養這隻豬，賜給我們豐盛美好的食物。

我曾用這道菜招待過朋友，讓幾個平日食量不大的女生胃口大開，隱約卻不失存在感的辣，很受喜愛。阿珠孃很厲害，這醬真是買對了。蜂蜜柚子醬的甜與香清秀淡雅，與番茄的果酸相互拉提。彩椒的紅、黃與優格的白、花椰菜的綠，搭襯出視覺的美好。

材 料

豬前後腿或豬腱心　600g

牛番茄　4 顆

西洋芹　2 枝

胡蘿蔔　1 根

馬鈴薯　2 個

綠花椰　1 棵

奶油　1 塊（100g 包裝切 2 公分厚塊）

洋蔥　2 個

大蒜　1 大球

蜂蜜柚子醬　1 大匙

乾燥月桂葉　3 片

羅勒葉　約 10 片葉子或 1 小株（非必須，有加的話更加香噴噴）

希臘原味優格　1 大匙

帕馬森起司粉　適量（非必須，有的話醬汁會更加濃郁有層次令人滿足）

做 法

1. 備料：豬肉汆燙後切塊，大小依自己喜愛的爽度再大一些，因為燉煮後肉會縮水。番茄去皮後切丁，西洋芹削去外皮粗硬纖維，再切成適口大小。胡蘿蔔與馬鈴薯去皮後切塊。綠花椰修成適口大小，以鹽水汆燙後磨些黑胡椒。洋蔥切絲。大蒜切末。

2. 鍋中放入奶油，開火，爆香蒜末，倒入豬肉塊炒至上色，再添洋蔥拌炒至香氣飄散。接著添番茄丁，加入全數的調味料，撕 3 片乾燥月桂葉、1 把羅勒葉。若湯汁未能淹過肉塊，可添些水。轉小火，蓋鍋燉 1 小時。

調味料

酒　3大匙

韓國阿珠孃萬能醬或辣豆瓣醬　1大匙

醬油　5大匙

醬油膏　3大匙

番茄醬　5大匙

義大利麵番茄醬　1/2罐

李派林烏斯特醬　5大匙

卡疆粉或綜合香料粉　1大匙

3. 1小時後，依序加入胡蘿蔔塊、西洋芹、馬鈴薯塊，繼續燉
   30–50分鐘，燉至胡蘿蔔軟、馬鈴薯鬆、肉塊柔嫩。挖1大匙
   蜂蜜柚子醬拌勻。

4. 盛盤，撒些帕馬森起司粉，擺上汆燙好的花椰菜，挖一大勺原
   味優格置中，綴以新鮮香草葉即完成。

義式馬鈴薯烘蛋

　　傳統的西班牙烘蛋（tortilla）走極簡路線，只有馬鈴薯、雞蛋、鹽和橄欖油等材料。光是這些食材也夠好吃了，有軟糯的馬鈴薯和濃厚的蛋香。但我心情好時，為人就比較花俏，會一邊哼哼唱唱，一邊將食材、香料和醬料層層堆疊上去。從西班牙的基本款，變成義大利的華麗版烘蛋（frittata potagère）。

　　馬鈴薯得用豐厚的油煎到表面金黃，飄出薯條的香氣才行，放入 18–20 公分的小鐵鍋或馬芬蛋糕模，進烤箱烘烤，省卻翻鍋不成功的氣急敗壞。

　　華麗版的配料可隨興添加，德國起司肉腸、火腿、綠花椰、蘆筍、小番茄或櫛瓜，最後撒上一把乳酪絲可以吃到牽絲的口感。

　　烘得厚厚的蛋，真美。有濃郁蛋香、義式香料和黃芥末醬的迷人香氣，刨上帕馬森起司，淋上松露油，風味更加濃郁上乘。當作早餐、下午茶或是開胃小點，冷食熱食皆適宜。吃上一塊，有一種飽足與安適，覺得自己有能量可以出去面對險惡的世界了。

基 本 款 材 料	調 味 料 與 香 料
馬鈴薯　1–2 個（約拳頭大小）	黑胡椒　少許
蛋　6 顆	義式綜合香料　1 小匙
洋蔥　1/2 顆	帕馬森起司　1 小塊（非必須）
大蒜　2 瓣	蜂蜜芥末醬　1 大匙（非必須）
奶油　1 塊（100g 包裝切 1 公分厚塊）	巴西里香草　（非必須）
鹽　1 小匙	

做 法

1. 備料：馬鈴薯切 0.5 公分片狀。6 顆蛋，指尖捏小撮鹽和義式綜合香料打成蛋液。大蒜切末，洋蔥切丁。綠花椰用鹽水汆燙，德國起司肉腸切 0.5 公分厚片。烤箱設定 200 度，預熱 10 分鐘。

2. 熱鍋，倒 2 大匙油，將馬鈴薯煎至金黃，飄出薯條香氣即可（不用太軟沒關係，若鍋內太乾可加 1 大匙開水）。倒入洋蔥丁拌炒一下，再放入奶油、蒜末炒香，添 1/2 小匙鹽和義式綜合香料、黑胡椒和蜂蜜芥末醬拌勻。

3. 倒入蛋液，刨入帕馬森起司屑，鋪上起司肉腸丁、綠花椰和乳酪絲（以上為華麗版），放入預熱好的烤箱，烤 10 分鐘（鍋子若高於 3 公分需要加 5–10 分鐘），可用筷子刺入看看是否不沾黏蛋液，若是乾爽便完成。

德國起司肉腸　1 **根**

鹽水汆燙好的綠花椰　5 **小朵**

焗烤乳酪絲　1 **碗**

4. 取出烘蛋，撒上切碎的巴西里碎葉或新鮮香草裝飾。

p.s
　馬鈴薯的厚度因人而異，喜歡有些軟糯嚼勁的，可切得厚實些（約 0.5-0.8 公分厚），喜歡鬆軟口感就切成 0.3 公分薄片。

　不用烤箱，可用 18-20 公分的平底不沾鍋製作，在步驟 3 時，蓋鍋小火慢煎，蛋的底部煎到金黃後，用鏟子將底部鏟開不黏鍋。再用一個大於鍋子的大平盤，壓在鍋子上，反手將鍋子翻過來。然後鍋內再抹些油，讓烘蛋滑入鍋，同樣煎至蛋體底部金黃。最後撒上綜合香料與香草即完成。

普羅旺斯燉菜 Ratatouille

通常介紹這道菜，都是以電影《料理鼠王》作為開場的。然而，我想分享的是這紅豔豔的燉菜，醬汁濃郁，下飯也下酒，曾有蔬食的朋友吃過之後念念不忘。櫛瓜可別燉太久了，稍微拌一下即可，保留一點爽脆度，讓口感更豐富有層次，吃了都想哼首歌。

葷食者可用這醬汁配方先燉豬小排或豬腱心，再利用醬汁來燉菜，會多一分肉汁香氣。若講究華麗擺盤，可將紅、綠、黃、紫等繽紛蔬菜交錯排列在有些深度的烤皿或鐵鍋裡，就會成就一道氣場強大豔冠群芳的燉菜。

醬汁配方也可用來做美式烤雞翅或烤豬肋排，也非常好吃，只要再加 Tabasco 辣醬就可以了。除了賣相佳，風味絕對媲美很多美式餐廳。

材 料	醬 汁
綠櫛瓜　1 根	洋蔥　1 顆
黃櫛瓜　1 根	大蒜　5 瓣
茄子　1 根（家人不愛所以我沒放）	義大利麵番茄醬　1/2 罐
牛番茄　3 個	李派林烏斯特醬　2 大匙
紅椒　1 個	月桂葉　2 片
黃椒　1 個	鹽　1 小匙
新鮮香草　1 把（如羅勒葉或百里香）	黑胡椒　1/2 小匙
	義式綜合香料　1 小匙
	番茄醬　1 大匙
	蜂蜜柚子醬　1 大匙
	帕馬森起司　1 大匙

做 法

1. 備料：黃綠櫛瓜、茄子、番茄切 0.3–0.5 公分薄片。紅黃椒切絲，
   洋蔥切丁，大蒜切末。

2. 熱鍋乾炒洋蔥丁，炒出香氣後添 1 小匙油，炒香蒜末，再依序
   炒紅黃椒、番茄、茄子、櫛瓜，倒入半罐義大利麵醬、李派林
   烏斯特醬、月桂葉撕碎後撒落。

3. 燉至茄子熟軟，加鹽、黑胡椒、義式綜合香料與番茄醬和蜂蜜
   柚子醬，刨些帕馬森起司，調至喜愛的風味。以百里香或羅勒
   等新鮮香草裝飾，完成。

p.s **烤箱版本：先將醬料煮好後，舀進烤皿裡鋪底。將紅綠櫛瓜、茄子、番茄
片先用橄欖油、鹽、黑胡椒和義式綜合香料抓勻，顏色錯落擺放，外圈順
時針鋪一圈，內圈改逆時針鋪排。以 180 度烤 15–20 分鐘，取出烤盤，綴
飾香草即完成。**

天使魔鬼蛋

辣味屬痛覺，許多料理的命名，便將這樣的味覺定義為魔鬼或地獄。然而，魔鬼或天使，關乎己心⋯⋯對於無辣不歡的人來說，根本是天使啊！

二寶怕辣，這道魔鬼蛋的配方，只有隱隱然的煙燻辣椒香，孩子的味覺在哪裡，我就依隨著他們在那裡。做菜的時候，我大多是沒有自己的。

第一次吃到魔鬼蛋（Deviled Eggs）是在亦師亦友亦母親的趙雅麗教授家。他如同太陽一樣關照著每個學生，邀請全班到他家吃飯唱歌，桌上總會有這道奶奶做的魔鬼蛋當開胃菜，另外做一大鍋的咖哩、蔬菜和綠豆湯。那是我求學期間和老師最沒有距離的時光，這道菜對我來說，根本是天使蛋，療癒了一群被大量英文閱讀壓著的苦悶學生，重點是奶奶做得非常好吃，那個味道我一直念念不忘。

白煮蛋對切取出蛋黃，切些洋蔥丁，淋上檸檬汁，與黃芥末醬、糖、梅子粉、胡椒粉、鹽、煙燻辣椒粉拌勻。簡單清爽，做為開胃菜或派對小食都很適合。

蛋黃醬濃郁，洋蔥爽脆，煙燻紅椒粉香氣獨特，帶著迷離的紅，將蛋的留白妝點得很動人。

材 料
_____

雞蛋　6 顆

洋蔥　1/2 顆，切丁

蜂蜜芥末醬　2 大匙

無糖梅子粉　1 小匙

鹽　1 小匙

糖　2 小匙

檸檬　1/2 顆，搾汁

黑胡椒　少許

煙燻辣椒粉　少許

新鮮香草　1 小株

做 法

1. 冷水煮蛋，水滾後關火，蓋上鍋蓋靜置 8 分鐘。撈起蛋，置於
   冰水中，敲碎蛋殼浸泡一下，放涼後再剝殼。

2. 白煮蛋對切，取出蛋黃，加上洋蔥丁（也可以加上小黃瓜丁），
   以蜂蜜芥末醬、梅子粉、鹽、糖、檸檬汁、黑胡椒拌勻，再用
   小湯匙或奶油擠花器填入蛋白凹槽中。

3. 撒上煙燻紅椒粉，放上香草即完成。

華麗金沙綠竹筍

鹹蛋是兒時的美好記憶，偶爾早餐配粥，偶爾裝在便當裡，偶爾，父親會心血來潮做三色蛋，鹹鹹香香的，飯很快就扒完了。新鮮的鹹蛋黃飽滿濕潤，是我的心頭好。

長大後，知道鹹蛋有「金沙」這樣閃亮的名字，又更加熱愛了，聽起來就喜氣洋洋，吃了可以討個吉利。金沙蝦球、金沙綠竹筍、金沙杏鮑菇，每一道都好好吃。只要學會炒金沙，以後不管後面接的受詞是誰，都難不倒你了。

在鍋中倒 1 大匙油，用木湯匙將鹹蛋黃丁炒到全數起泡，充滿空氣感、澎鬆鬆金瑩瑩的，看著很療癒。綠竹筍、蘆筍和筊白筍放入在金沙裡翻滾，最後撒些糖、一半的鹹蛋白丁、蔥花和辣椒末，彼此相生相合，繽紛美好。

材 料

鹹蛋　3 顆

筊白筍　5–6 支

蘆筍　1 小把

煮熟的綠竹筍　1 支（生筍煮法請見 p239）

大蒜　5 瓣

蔥　2 根

糖　1 小匙

胡椒粉　1/2 小匙

辣椒　1 根

做 法

1. 備料：鹹蛋去殼後對切，挖出蛋黃，蛋黃和蛋白分別切丁，用兩個碗分開盛裝。筊白筍剝皮後削去最上段的老皮，再以滾刀切成美腿狀。蘆筍削去上段粗纖維，洗淨後切成段。煮熟的綠竹筍，削去表層與側邊的粗糙部位，切長條或滾刀塊。蔥白、蔥綠分開切末。大蒜切末。辣椒切細。

2. 熱鍋，倒 1 大匙油，爆香蒜末、蔥白，依序放入筊白筍、蘆筍與綠竹筍，炒至熟軟後盛起。若鍋內太乾，可加少許水。

3. 原鍋再添 1 大匙油，倒入鹹蛋黃丁，以木湯匙畫圓圈的方式炒到蛋黃變成金黃蓬鬆的泡泡，加糖。

4. 將炒好的筍子倒回鍋中，撒些胡椒粉，加入 1.5 顆左右的鹹蛋白丁就好，才不會太鹹。炒勻後，撒上蔥花和辣椒末即完成。

咖哩蒜香炒時蔬

　　這道咖哩蒜香蔬菜，做法簡便又討喜。咖哩粉和大蒜粉是靈魂，一般品牌如小磨坊、S&B 就很好吃了。用橫紋鐵鍋煎出條紋，再用餘油煎香蒜末，撒鹽、咖哩粉、大蒜粉拌勻，喜歡辣的可添些切碎的乾辣椒，就這麼簡單。

　　綠竹筍要買帶殼的，外型矮肥短，筍尖橙黃，根部完好細白，就是細嫩甜美的綠竹筍。買回家洗淨後，連殼放入冷水鍋裡，鍋子最好有些深度，以免噗鍋。中間不能開蓋，才不會苦，這是小時候媽媽教我的成功心法，水煮 30 分鐘，直至聞見竹筍香味飄出才關火，取出竹筍放涼冷藏備用。

　　茭白筍、蘆筍、玉米筍、四季豆、花椰菜、彩椒、櫛瓜（稍微煎一下就好，以免過於軟爛）和南瓜（先以半杯水入電鍋蒸，再切塊），都非常適宜。只要將蔬菜瀝乾，成功指數100%。

　　許多朋友來家裡吃過這道菜後很喜愛，回家也做給家人吃，然後告訴我：「大成功！」、「大人小孩都超愛！」、「這道菜燦爛又有活力。」香氣撲鼻層次分明，蔬菜的原味完美展現，一次混搭多種蔬菜，繽紛華麗視覺美好，香療食療全部滿足。嗯～再炒盤海鮮，開瓶啤酒或白酒，就是美好的一餐了。

材 料

水煮好的綠竹筍（或真空包）　1 支

筊白筍　3 支

蘆筍　1 把

紅椒與黃椒　各 1/2 個

鹽　1 小匙

大蒜　5 瓣

咖哩粉　1 大匙

大蒜粉　1 大匙

做 法

1. 備料：綠竹筍（如選用新鮮未煮的綠竹筍，請參考 P239 事先
   煮熟）切塊。筊白筍去殼後縱切三等分。蘆筍削去上半段外皮，
   洗淨瀝乾，再切成段。彩椒切細條。大蒜切末。

2. 所有蔬菜淋些油，抓勻。

3. 橫紋鐵鍋冷鍋倒些油，燒熱後，依序放入綠竹筍、筊白筍、蘆
   筍、彩椒，烙出條紋後，撒下蒜末、鹽、咖哩粉，再翻另一面
   煎，撒一遍調味料和大蒜粉，裝飾幾許香草即完成。

綠竹筍干貝蛤蜊雞湯

這是一款山與海聯姻的湯品，鮮美極了。兩大天王是雞腿和蛤蜊，干貝是神秘嘉賓，低調淡然卻充滿張力，很適合宴請客人或是當作過年年菜。

母親在世時，冬天全家團聚的時候，她會煲刈菜蛤蜊雞湯給大家暖身子。刈菜又名長年菜，這湯背後的心意是一份壽與天齊的祝福。然而刈菜苦，而孩子們吃不了苦，因此我把刈菜改為眾人愛的綠竹筍。

綠竹筍的挑選必須「以貌取筍」，矮肥短、白肉底、筍殼光滑、筍尖偏黃、側身彎曲如牛角，便是細緻嫩甜的好筍。買來後得趁鮮趕快水煮，以免綠竹筍一暝老一寸。

這湯有股魔力，會讓人一碗接著一碗喝。也許是煲著母愛、煲著歲月、煲著季節、煲著無盡的心意。

大叔讚：「這湯真好喝，是因為有蛤蜊吧，整個好鮮哪！」他不知道，這湯裡的火光，是因為加了北海道碎干貝提了鮮、玉米添了清甜，還有融在湯裡隱身於無形的一大匙鹽麴，那才是湯品好喝的秘密，整鍋湯因此鮮活了起來。幕前的明星總得到最多掌聲，但我總愛關注後台低頭付出的人，他們才是煙花燦爛的火種。

拍攝這道湯品時，攝影師告訴我：「光看照片，真的無法形容這湯有多麼好喝。」大家一起來煲這有情有愛有季節和歲月的湯喝吧，乾了！

材 料

去骨雞腿　2 支（大的 1 支就好）

蛤蜊　15–20 顆

乾香菇　4 朵

碎干貝　3 大匙

水煮綠竹筍　2 支（生筍煮法請見 P239）

胡蘿蔔　1 根

甜玉米　1 根

洋蔥　1 顆

蒜粒　1 大球約 10–12 瓣

薑　2 片

蔥　1 根

調 味 料

白胡椒粒　1 大匙

大紅袍花椒粒　1 大匙

鹽　1 小匙

酒　3 大匙

鹽麴　1 大匙

麻油　2 滴

做 法

1. 備料：雞腿切塊。蛤蜊吐沙後洗淨。乾香菇以溫水泡軟，搓掉皺褶裡的髒污。大蒜去膜。白胡椒粒和花椒粒裝入棉袋中。綠竹筍與胡蘿蔔切滾刀塊，甜玉米切塊。洋蔥切絲，蔥切細。

2. 鍋中注入 1 碗水，加薑與酒將蛤蜊煮至開殼後挾出備用。

3. 蛤蜊湯過濾雜質，再添半鍋水，將乾香菇、碎干貝、洋蔥絲、蒜粒、裝有白胡椒粒和花椒粒的棉袋、胡蘿蔔塊、綠竹筍塊放入鍋中。煮至水滾後，轉小火燉半小時。

4. 加入甜玉米塊、雞腿塊，定睛瞄著肉，肉色轉白後，添鹽、酒、鹽麴，滴 2 滴麻油，撒落蔥花或香草即完成。

韓式辣魚湯

　　韓國的美食總令人垂涎。韓劇《愛的迫降》後面集數中，玄彬和孫藝珍兩人瘋狂發射粉紅泡泡，搞得北韓士兵們看得反胃時，想吃的便是辣魚湯。

　　有天審片的同事傳了金鐘綜藝《歡樂智多星》「大廚小撇步」單元裡的韓式辣魚湯影片給我看，看了真想喝啊！這些食材家裡都有，週末便急著煮一鍋。

　　這辣魚湯簡單卻無敵好喝，魚肉鮮嫩，湯汁的色澤紅豔，辣味明顯存在卻不張揚，鮮味濃郁而深邃。連白豆腐都美，更不用說燉到靈魂深處的白蘿蔔有多迷人了！裝在食物罐裡給同事，裡頭加了顆白煮蛋，白煮蛋在湯裡都晶亮了起來。這湯讓她在週末加班時，有些氣力與溫暖，是煮食者最大的寬慰。

　　我們學習著別人，也被人學習，在受與施之間，形塑了自己和生活的樣貌。同樣的食物，到了不同的家裡，傳遞著同樣的愛，卻不同的故事，而牽繫在裡頭的人，都是我們生命裡的要角。

材料

鱸魚片　1 片
白蘿蔔　1/2 根
胡蘿蔔　1 根
甜玉米　1 根
板豆腐　1 塊
豆芽菜　1 小把
丁香魚乾　2 大匙
昆布　10 公分長段
高湯包　1 包（非必須）
大蒜　3 瓣，切末
蔥　2 根，切段
紅綠辣椒　各 1 根

魚片醃料

鹽　1/2 小匙
酒　1 大匙
白胡椒粉　少許
太白粉　1 小匙
麻油　2 滴

調味料

米酒　2 大匙
醬油　2 大匙
魚露　2 大匙
韓國辣椒粉　1 大匙（嗜辣者可多加）
鹽　1/2 小匙
麻油　1 小匙

做法

1. 備料：鱸魚切小片（約一口大小），以醃料抓醃。紅白蘿蔔、甜玉米切塊。板豆腐切 1 公分厚塊狀。豆芽菜洗淨瀝乾。丁香魚乾略沖淨後瀝乾水分。

2. 鍋中注入半鍋水，放入丁香魚乾、昆布、高湯包、紅白蘿蔔塊，燉煮 25 分鐘。

3. 加入板豆腐、甜玉米塊、醃好的鱸魚片和豆芽菜，燉 10 分鐘。

4. 調醬料：取一碗，倒入米酒、醬油、魚露和韓國辣椒粉攪拌均勻。淋上醬汁，加入蔥段、辣椒斜切片，試喝看看是否須添加鹽（我加了 1/2 小匙），最後淋上 1 小匙麻油即完成。

不可或缺的
廚房好物

現代人大多是忙碌並且多工的,每天要扮演太多角色。有速成又美味的醬料,能省下許多時間做其他事,煮食的意願也會提高很多,讓做飯鑲嵌在生活的儀式裡,成為一件有趣並且幸福的事。

醬料幫幫忙

＋鹽麴
是我最依賴的調味料,能讓肉質柔嫩不硬柴、蔬菜更鮮甜突出,加入煲湯裡風味更醇厚,也可增加腸內好菌、美容養顏。我通常都買兩罐囤著,若沒有它,我會很焦慮。由米、米麴、鹽製成,有些發酵後的酒香味,可取代鹽、醋、味噌、酒。常用的品牌是我愛你學田 × 無思農莊活鹽麴、Hikari Miso 鹽麴、日本マルコメ塩糀。

＋味噌
除了煮味噌海帶芽豆腐湯,用來做味噌蔥燒雞、味噌洋蔥肉末、拌蔬菜都非常實用。也可調製牛奶南瓜味噌鍋,加上澎湃的肉片和火鍋料,吃它個片甲不留。

＋干貝 XO 醬

建議買有添加干貝瑤柱的 XO 醬，雖然貴些，但是鮮味十足，是其他醬料無法比擬的。我愛 XO 醬的鹹香辣，能夠迅速提鮮，直接拌著吃就很美味。用來做炒飯、炒麵、炒蔬菜、燉湯，都能提出鮮美的風味與靈魂。鼎泰豐 XO 醬是我家中常備的心頭好。

＋咖哩

咖哩絕對是人類最偉大的發明之一，更是懶人的煮食救星，不僅好吃，還可以增強免疫力，對健康很好。日式的咖哩塊、咖哩粉和印度研磨咖哩我都會備著。用來烤優格雞腿、烤蔬菜、咖哩肉醬、咖哩飯都好吃極了，大寶可以每天吃咖哩都不會膩。日劇《月薪嬌妻》有幕就是女主角覺得自己做的菜不夠好吃，便加了咖哩重新調味，果然一切都對了，宅男主角吃了也滿意。

＋黃金泡菜或韓式泡菜

冰箱常備著一罐，盛在盤裡就是道美味的小菜，加上起司或乳酪炒豬肉片或雞腿會非常下飯，再添許多肉片、火鍋料和蔬菜，做成泡菜鍋或部隊鍋，那更是澎湃滿足。

＋義大利麵番茄醬

除了義大利麵之外，用來燉牛肉、燉蛋、波隆那肉醬、普羅旺斯燉豬和燉菜，可省卻去皮和切番茄的工序，也能增加美麗的紅豔色澤。Alce Nero 尼諾有機番茄蘿勒義大利麵醬、百味來拿坡里蔬菜番茄義大利麵醬都是很棒的醬料。

＋松露醬

5–8% 的松露醬也許不正統，但價格廉宜許多，是家庭料理的方便之道，只要成分天然，喜歡它的風味氣息就好。直接抹在麵包上、炒義大利麵、牛排燉飯、松露炒蛋或炒菇都非常美味。挖一湯匙在牛排或燉牛肉上做為沾醬，更添風味。奇里安諾黑松露醬、義大利 La Rustichella 黑松露醬是我常用的品牌。

＋豆瓣醬

原味與辣味都要備著，滷肉真是不能沒有它。濃郁的醬香，讓菜餚的底蘊變得深邃而醇厚，燉肉、干燒蝦、古早味肉醬、蒸魚、豆干肉絲，絕對要加 1 大匙才夠味。我常用的是明德辣豆瓣醬和喜樂之泉的有機豆瓣醬。

＋桃屋辣醬

當你覺得東西索然無味的時候，挖 1 匙桃屋辣醬淋上，不管是什麼都變好吃了。雖然名為辣醬，但大多是麻油與蒜香融合的味道，只有隱隱然的辣，連不敢吃辣的二寶都愛。蒜片酥脆卡滋卡滋，很令人愉悅。滷豆腐或滷味盛盤後加 1 湯匙，就算是白豆腐都變得炯炯有神好吃極了。

＋油蔥酥

鵝油、豬油、雞油都好，雖然只是油加紅蔥末，但是極為好用，不想用油爆香時，就挖一湯匙來用，省去一道工序的繁瑣。在湯裡、湯麵、青菜、肉臊、炒芋頭、炒米粉或米粉湯裡加一大匙，香氣的靈魂就衝上來了。家裡沒有蔥薑蒜的時候，就覺得油蔥酥真是個可人兒。

加分的調味推薦

＋高湯包

是煮食者的光明燈，茅乃舍高湯包有很多口味，是我平常必備的品項。用來燉湯、煲飯、燉竹筍、漬蛋、滷白湯竹筍或豬腳，風味瞬間升級。台灣現在也有推出高湯包商品，大家可以多試，支持台灣商品，也可省些跨國運費的花費。

＋柴魚

無論是燉高湯、炒肉片、章魚燒、玉子燒捏碎後撒上，就能完美呈現居酒屋風味。加上薄鹽醬油拌青菜，或是製作照燒風味醬汁，鮮香迷人。

＋柚子蜂蜜醬

與帶著果酸風味的料理一起登台真是絕配，用來做普羅旺斯燉肉或燉菜、日式起司漢堡排，酸甜滋味和著柑橘香，非常清新美好。用來醃漬白蘿蔔也很清爽。受了風寒身體不舒服時，泡一杯柚子茶，就能感到溫暖。

我愛的香料

＋卡疆粉 Cajun

紐奧良風味的綜合香料，像紅土一般，帶著微微的辣，濃郁的木質調香氣，有些烤肉的原始氣息，無論視覺與風味都很美好，也是我非常依賴的香料。主要成分為大蒜、鹽、洋蔥、匈牙利紅椒、奧瑞岡、白胡椒、紅辣椒等天然香料，用來烤雞腿、燉牛肉、啤酒炒海鮮、烤蔬菜……，這世上所有的食材都跟它很合。

＋月桂葉 Bay Leaves

乾燥的月桂葉是西式料理必備香料，從紅酒燉牛肉或燉蛋、燉豬腳、普羅旺斯燉菜、波隆那肉醬、羅宋湯、咖哩，都有著月桂葉的倩影。使用時記得把葉子撕碎，香氣才能發散得較淋漓盡致。搭配肉桂、八角及甘草等香料，就是各式滷味的基底。Spice Hunter 香料獵人的品牌特別香美，然而價格也較高，味好美、卡門（Carmencita）等品牌也有，小磨坊也買得到。

＋花椒

我非常喜愛它的柑橘香氣，最常用的是帶著荔枝色澤的大紅袍花椒。花椒是四川麻辣料理的靈魂，也是我燉湯的必備成員之一。麻而不辣，做麻婆豆腐、花椒燒蛋、滷肉、滷牛腱、花椒醉雞都是好吃又下飯的料理。

＋孜然粉 Cumin powder

氣味芳香而濃烈，能除腥膻異味，解除肉類的油膩，風味獨特非常適合串燒和羊肉，用來燉豬、炒新疆大盤雞、烤叉燒也都很適合。

＋小茴香籽 Fennel Seeds

香氣獨特帶著神秘感，充滿異國風情，像是經歷了一場旅行。栗子滷肉、優格烤雞腿、咖哩風味烤蔬菜，都會用到小茴香籽，中藥房和迪化街都有賣。

以上香料，除了卡疆粉外，在中藥行、大賣場或超市的香料區都買得到。

我愛的香草

料理中的一抹綠，總令我著迷，不只美，更是優雅，將天地裡的香與美都收攝在一起。採摘時指尖沾惹的香氣，會令人忍不住嗅聞著。

＋迷迭香 Rosemary
香氣濃烈，手一沾上，指尖都是香氣。法國和義大利料理很常用，用來烤各式的雞排、燉肉、煎肉排、炒海鮮、烤馬鈴薯和蔬菜都很適宜，也可用來泡茶、泡澡、做香草橄欖油和釀酒。

＋羅勒 Basil
香氣清新優雅，是青醬的基底，烤雞、燉牛肉、炒海鮮、炒蘑菇、涼拌番茄馬札瑞拉起司或沙拉，都非常需要它。也可做成香草油或香草醋。記得要在烹調的最後一刻再加入，才不會變黑。

＋百里香 thyme
又稱麝香草，是西式料理的靈魂要角，煎牛排、燉湯、燉肉、點綴在烤魚和甜點麵包都很小巧可愛。

＋薄荷葉 Mint
風味清爽，可消炎止痛，緩解腸胃、消化道和呼吸道的不適。用來泡茶、炒蛋、調飲料、調酒、梅子番茄、烤雞腿都適宜。我特別偏愛帶檸檬香氣的品種，點綴在明太子玉子燒上，除了美，搭在一起吃非常相襯並且迷人。

一連串的廚房工事之後

＋物與命

人有命，物亦有命。你對待它以情，它會回饋你以義，陪你
長長久久，而且越用越順手。

有次弟弟來我家，站在廚房的爐台前對我說：「你一定都沒
在煮飯，廚房看起來都沒在用。」我哼了一聲說：「你都沒
在關心我，枉費我從小煮飯給你吃，我煮完飯，本來就會順
手整理乾淨啊。」

我像母親的地方不多，在維護環境整潔的部分，我們確實是
母女。從小在廚房當小幫手，看著她做完飯總要把爐台裡外
和壁面全刷一遍，再把地板擦過，才終於願意洗手用餐。辛
苦做飯的人，卻永遠是最後一個吃飯，這是母親做飯的儀式，
如今，也變成我的。

煮完一頓飯，經常因為久站而腰痠。然而，此時是進行清潔
工事的黃金期，爐台和鍋子都還有些溫度，油漬尚未凝結成
頑垢，一切都還來得及！趁鍋子仍有餘溫時，用溫水沖去油
渣，連同外部和鍋底都刷洗一遍，有時連清潔劑都不需要就
很乾淨了。

＋鍋具與食器的保養

千萬不要在鍋子還高溫的狀態下馬上沖冷水，鍋子會容易壞。用溫熱水洗鍋，洗得又快又乾淨。洗好後，用乾布將鍋底擦乾，如此功夫，當鍋子重返爐台時，水才不會滴落爐孔裡，導致火點不著，瓦斯爐容易壞，而且會冒出瓦斯味，這是很危險的。

若是鐵鍋或土鍋，用溫水洗淨後先將裡外擦乾，開火將水氣燒乾，聞到有些食物氣味發散就關火。溫度稍降後，用廚房紙巾沾些食用油，擦拭鐵鍋內外保養，以防生鏽。

碗盤亦然，吃飽飯隨手沖去殘油菜渣。刷碗盤前，用溫水沖一遍油垢，拿只碗注入少許熱水，擠適量的清潔劑混合均勻，用菜瓜布沾著刷洗，就可以將碗盤洗得乾淨咕溜。

＋爐台的清潔

爐台可選白色強化玻璃、琺瑯或不鏽鋼都是比較好清潔的。只要不對著玻璃用力摔鐵鍋，都不會破。我經常在爐台的玻璃上放很重的鐵鍋或土鍋，只要底下墊塊毛巾或抹布，一切都會好好的。琺瑯只要擦一擦就很乾淨了，然而若不小心用力碰撞或敲擊，會有塗層脫落的情形，露出黑鐵就沒那麼美了。不鏽鋼耐用也刷洗，實用性很高，壽命很長久。

煮完飯拿塊抹布沾點水和清潔劑，將爐灶和流理台的油垢抹一遍，洗淨後再擦一遍就清潔溜溜了。流理台若是白色的，有汙漬一定要馬上擦乾淨，若有色素沈澱的狀況，可用科技海綿沾點水，在髒污部位用力來回擦拭就行了。

如此花個幾分鐘清潔保養，除了乾淨、賞心悅目外，可以省卻日後與頑垢拚搏的時間和氣力。偶爾把爐灶拆開擦拭，油

污才不會因為重複高溫加熱而變得焦黑，看了心情躁鬱，煮飯的心情都不美了。

＋其餘的小叮嚀

洗蔬果盡量用天然的植物精油，洗 2 次沖掉髒污後，第 3 次用過濾水或飲用水浸泡一會再沖淨。可以的話，選購有機蔬果或是先用熱水或高湯汆燙，比較不用擔心洗不乾淨或農藥殘留。

砧板分生食、熟食和水果，切過肉類的砧板，不要用熱水洗，這會導致附著在上頭的蛋白質熟化，反而越洗越髒，要花更多的時間清洗。木頭砧板洗淨後要確實陰乾，放在通風的地方收納才不會發霉。

清潔劑盡量選擇天然、不危害環境的環保清潔劑，茶樹、柑橘精油洗碗精、小蘇打粉或酵素，都是很好的選擇。守護環境和地球是我們從日常就能實踐的，看似微小卻是很重要的心念。

廚房紙巾很好用，遇到油脂含量高的燉牛肉或豬五花，用過的鍋子非常油膩，可先用熱水沖過，再用廚房紙巾沾清潔劑抹一遍，紙巾用完便可直接丟掉，非常便利。

水槽容易沾附油脂和發霉，平日用完可用海綿或鋼刷（限不鏽鋼材質）來刷洗，就會亮晶晶。

所有的器物都是費了心思挑選而來到我們家，溫柔的使用與保養，它們會陪伴並成為歲月裡的一部分。

致 謝

謹以此書獻給我在天上的父母和親愛的家人。
謝謝你們成就了這一切,這一切都因你們而生。

謝謝天上的父親,是他用廚師的料理魂,涵養了我的味蕾,以及對美食的追求。是他教我做菜的基本,是他鼓舞了我對料理的熱情,在他第一次吃我炒的小魚莧菜時,眼神噴出很多愛心對我說:「嗯～好吃,妳真是青出於藍。」他是我的老師,也是我的第一個頭號粉絲。是他對我的寵,造就了現在的我。

謝謝天上的母親,她的一生都奉獻給家人,想的從來不是自己,而是我們。省吃儉用勤儉持家,但是對於吃,她從來都不省。她常對我們說:「呷飯的錢,千萬母湯儉。」小學和國中時期,每天給我們買點心吃,有時是剛出爐的麵包,有時是山東大叔做的饅頭和肉包,週末早上還會加碼打新鮮豆漿或米漿,我愛死了!也因此,我對於吃很捨得,週末也會給小孩加菜,默默地活成了她。

謝謝我的大叔──哲斌，是他幫我開了「黃大寶便當：愛的家庭料理」的臉書專頁，然後有了《食尚玩家》便當專欄，而現在有了這本書。雖然他在家庭勞務沒有太大功能，但是他努力為我跑遍台北各大超市，採購鮮美的、我開出的所有食材。每當我在夜裡做菜時，他飄過來偷吃，有時很過份地倒酒來配，這些令人髮指的行為，其實也滿令我振奮的。他也是我的第一個讀者，幫我看文章挑錯字，我應該要頒個「立書有功」的匾額給他。每每他遇到朋友或看到網友提到「黃大寶便當」時，回家就會很興奮地跟我分享，用一種與有榮焉，或是「妳做了件好事」的眼神鼓勵我。

　　謝謝黃大寶，他是個熱愛美食的孩子，同時也是特別與慢飛的孩子。因為如此，我才會想到用美味的便當鼓舞他、陪伴他，好讓他留校上資源班時不孤單。這是一位母親的微小浪漫，但沒想到對孩子而言，卻有著巨大的意義……大寶說：「我會很大方借同學任何東西，但是要我分享便當，那是絕對不可能的事。」大寶眼神堅定，語氣裡還帶著一股狠勁地跟我說。

　　謝謝二寶，他的舌燦蓮花太強大，會發射很多彩色泡泡，常讓我意亂情迷地誤以為自己是食神。他誇讚我的時候，眼神是那麼地真誠，而且語法永遠是那麼地浮誇──「全世界最好吃」、「比餐廳更好吃」、「香死人了，香到我都要死掉了」。

　　因為二寶的一句「媽咪，我想把你的菜全部都學會！」我才開始起心動念構思這本書。廚師父親沒有留下任何食譜，一直是我的遺憾。轉而希望我的孩子，能夠沒有遺憾。數十年後，想我的時候，就做菜感受媽媽的味道。

謝謝我的編輯——比才，她在我毫不起眼的時候就看見了我。經過了這麼多年，她還是沒有放棄我。這份賞識與心意，很美也很令人感動。有一個同樣熱愛料理，品味卓然又充滿藝術感的編輯，是非常幸運而且幸福的事。她也出了一本兼具美麗與實用的食譜書《家酒場》，大家趕快去買。

謝謝我的攝影師——李放晴，他是我大學時期認識的大哥。攝影作品很有個人風格，我一直很喜愛。拍過大師級江振誠的他，一聽到我要出書就很有義氣地答應，完全沒在看酬勞。然後，豪氣干雲地說：「我要買 10 本來送人！」聽到這本書會在 2020 年出版，又鼓舞我：「2020 是個好數字，一定會大賣成為暢銷書。」

謝謝親子天下團隊，以及所有曾經鼓勵我，關注、留言、私訊或回傳料理照片給我的人，是你們讓我覺得，寫下這本書是有可能的。現在，它的確成真了。

我真是個很有福報的人，真的非常謝謝你們（鞠躬）！

無思農莊 活鹽麴

台灣小農莊園手釀 友善人與土地的真食物

樸實手作 純粹天然

讓料理更好吃的祕密武器

鹽麴是日本傳統的調味料，發酵過程中分泌出各種酶，能高效分解澱粉、蛋白質、脂肪，可以代替料理中的鹽、嫩精和味精，提升食物的鮮味（酯味 wumami），還會讓口感層次更加豐富和醇厚。鹽麴的鹹是圓潤高雅的鹹味，是天然營養的調味品。

取代鹽、味精和嫩精

·**取代鹽**
食譜裡的鹽一小匙，可用鹽麴二小匙取代。

·**取代味精**
富含各種酶，也是酯味、醍醐味的來源。

·**取代嫩精**
富含分解酵素，可預先分解讓食材更軟嫩。蛋白質分解後成為胺基酸，也讓料理更美味。

修飾食材刺激的口感

因為富含各種分解酵素，能將酸嗆和苦澀等尖銳的刺激口感，修飾得更加圓潤順口。（例如：檸檬、橘子汁或年輕的醋、紅酒）

延長食材保存時間

好菌多、壞菌少。發酵菌繁殖時，腐敗菌無法孳生。大部分的新鮮食物，只要醃漬或拌入麴醬中，多能延長保存時間。（例如：醃漬豆腐）

引出食材原本的美味

完美的料理配角。鹽麴可以引出食材的原味，不但能讓原味完全釋放，甚至轉化香氣更加優雅。（例如：優格、可可、沙拉或淺漬蔬菜）

提升營養價值

富含分解酵素和胺基酸，可加入食材的營養分解，將大分子轉換成小芬子，讓人體更好吸收。（例如：較難消化的糯米、奶蛋豆魚肉類）

連結食材間的各種風味

能夠化解料理食材間的味道衝突，堪稱是料理新手的救星

家庭與生活 061

台菜女兒的餐桌之旅
72道私房中西料理，全家歡呼的美味提案

作者／袁櫻珊
攝影／李放晴、袁櫻珊
責任編輯／Yi-Shih Lee（特約）・盧宜穗
美術設計／Bianco Tsai
內頁排版／連紫吟・曹任華
行銷／蔡晨欣

發行人／殷允芃
創辦人兼執行長／何琦瑜
總經理／游玉雪
總監／李佩芬
副總監／陳珮雯
資深編輯／陳瑩慈
資深企劃編輯／楊逸竹
企劃編輯／林胤孝、蔡川惠
版權專員／何晨瑋、黃微真

出版者／親子天下股份有限公司
地址／台北市 104 建國北路一段 96 號 4 樓
電話／（02）2509-2800　傳真／（02）2509-2462
網址／ www.parenting.com.tw
讀者服務專線／（02）2662-0332　週一～週五：09:00~17:30
讀者服務傳真／（02）2662-6048
客服信箱／ bill@cw.com.tw

法律顧問／台英國際商務法律事務所・羅明通律師
製版印刷／中原造像股份有限公司
總經銷／大和圖書有限公司　電話：（02）8990-2588
出版日期／2020 年 5 月第一版第一次印行
　　　　　2021 年 6 月第一版第三次印行
定　價／480 元
書　號／BKEEF061P
ISBN ／ 978-957-503-599-0（平裝）

訂購服務：
親子天下 Shopping ／ shopping.parenting.com.tw
海外・大量訂購／ parenting@cw.com.tw
書香花園／台北市建國北路二段 6 巷 11 號　電話（02）2506-1635
劃撥帳號／ 50331356 親子天下股份有限公司

台菜女兒的餐桌之旅：72 道私房中西料理，
全家歡呼的美味提案／袁櫻珊著.-- 第一版 --
臺北市：親子天下，2020.05
272 面；17×23 公分
ISBN　978-957-503-599-0（平裝）

1. 食譜

427.1　　　　　　　　　　　　109005386

攝影師李放晴：p.14 16 21 39 44 54 56 61 67
68 71 81 100 105 106 108 112 114 120 126
136 138 140 144 152 154 157 165 166 171
172 175 176 187 188 200 218 221 222 226
230 234 236 240 243 248 261 262

立即購買 >